14天自造量子计算机

Python版

【日】远藤理平　著
陈欢　译

中国水利水电出版社
www.waterpub.com.cn
·北京·

内容提要

《14天自造量子计算机（Python版）》是一本用Python编程实现量子计算的计算机科学专业书籍，书中使用薛定谔方程对量子计算机的核心知识点量子位、量子门和量子纠缠进行了数值模拟和仿真。具体内容包括执行环境的准备、量子力学的基础知识、计算自由空间中电子的运动、狄拉克 δ 函数的引入和使用、计算电子波包的运动、计算势阱中电子的运动、在量子阱中施加静电场的方法、计算施加静电场后电子的运动、如何改进量子阱的形状、对量子阱施加电磁波的方法、向量子阱注入电磁波的具体操作、如何实现一个量子位门、如何排列量子阱、计算双量子阱的恒稳态、计算双量子阱的拉比振荡。

《14天自造量子计算机（Python版）》书中有详细的公式推导及Python的编程实现过程，并通过两个人物的对话连接上下文、提出问题、总结知识点等，适合有一定量子力学基础，对量子计算、量子通信等量子信息科学、计算机科学感兴趣的所有人学习。

北京市版权局著作权合同登记号　图字：01-2023-1228
14 NICHI DE TSUKURU RYOSHI COMPUTER
SCHRODINGER HOTEISHIKI DE RYOSHI BIT RYOSHI GATE RYOSHI MOTSURE WO SUCHI SIMULATION PYTHON HAN

图书在版编目（CIP）数据

14天自造量子计算机：Python版 /（日）远藤理平著；陈欢译. -- 北京：中国水利水电出版社，2023.9
ISBN 978-7-5226-1649-0

Ⅰ. ①1… Ⅱ. ①远… ②陈… Ⅲ. ①量子计算机②软件工具－程序设计 Ⅳ. ①TP385②TP311.561

中国国家版本馆CIP数据核字(2023)第134186号

书　名	14天自造量子计算机（Python版） 14 TIAN ZIZAO LIANGZI JISUANJI（Python BAN）
作　者	[日] 远藤理平 著
译　者	陈欢　译
出版发行	中国水利水电出版社 （北京市海淀区玉渊潭南路1号D座 100038） 网址：www.waterpub.com.cn E-mail：zhiboshangshu@163.com 电话：（010）62572966-2205/2266/2201（营销中心）
经　售	北京科水图书销售有限公司 电话：（010）68545874、63202643 全国各地新华书店和相关出版物销售网点
排　版	北京智博尚书文化传媒有限公司
印　刷	北京富博印刷有限公司
规　格	190mm×235mm　16开本　12.75印张　302千字
版　次	2023年9月第1版　2023年9月第1次印刷
印　数	0001—3000册
定　价	89.80元

近年来，持续以惊人速度发展的纳米级精密控制技术，为长久以来被认为完全是一种空想的量子计算机的实现带来了新的契机。特别是量子计算机与人工智能（AI）的核心技术、基于神经网络的深度学习（deep learning）能够良好兼容这一点，更是让人们对量子计算机寄望甚高。在这样的技术发展背景下，关于量子计算机的入门书籍和通过操作量子计算机实现具有实用性计算的量子算法相关的专业书籍如雨后春笋般接踵问世。读者通过阅读这些书籍，对于"量子计算机究竟是什么？""为什么并行计算是可以实现的？""如何才能进行有用的计算？"这些基本问题都能得到解答。但是抱有"虽然概念是理解了，但是感觉非常抽象，似懂非懂的"这样想法的人，应该不止笔者一个，而且掌握一种技术所需使用的方法和途径也因人而异。就拿笔者来说，只有使用基本方程进行数值模拟并得到预期的结果，才能真正让自己感觉到实际理解了这些现象及工作原理。本书就是为了让大家更好地理解量子计算机的工作原理，将笔者认为必须掌握的步骤进行汇总而成，希望能够帮助大家。

目前，量子计算机根据物理原理的不同大致可分为两种实现方式。一种是以被称为量子退火（quantum annealing）的物理现象为工作原理，专门用来解决优化问题的"量子退火法"；另一种则是旨在实现通用量子计算机的"量子门法"。这两种方法都可以在数学上进行同样的计算。在本书中，我们将大家接触量子力学时最先需要学习的使用"量子阱"的量子位计算机作为主题，对量子位、量子门和量子纠缠等量子计算机中必不可少的元素，使用量子力学的基本方程——薛定谔方程进行数值模拟和仿真。为了实现这些操作，我们会尽可能地对用于进行数值计算的算法的推导过程进行详细讲解。而对量子力学和量子算法的详细讲解这类一般性的内容则会予以省略，敬请理解。

虽然本书的目标群体是已经学习过量子力学基础知识的读者，但是对于那些打算开始学习量子力学的读者，也可以将本书与通用量子力学教材结合起来学习，以加深对量子力学基础知识的理解。此外，想要进一步学习量子计算机工作原理和量子算法的读者，可参考日本作家佐川弘幸和吉田宣章的著作《量子信息论》以及日本作家中山茂的著作《量子算法》。但本书是学习这些书籍的基础。

最后，笔者要衷心地感谢给予我撰写本书机会的Cutt System出版社的石塚胜敏先生、非常认真仔细地编辑本书的出版社编辑部的工作人员、对于本书内容提出了宝贵意见的东北大学理学院物理系四年级学生李俊锡先生、协助笔者编写Python版示例程序的东北大学工学院三年级学生日比龙平先生、共同参与日常讨论的非营利组织natural science的朋友们。非常感谢大家的鼎力支持。

[日] 远藤理平

■ 自我介绍

我叫“模拟君”。我的兴趣爱好是模拟物理现象。每当我有不明白的地方，总是会向程序仙人提出疑问并请他给予指导。这次要请仙人讲解的是我一直抱有疑问的量子计算机的工作原理。

老夫就是大家口中所说的“程序仙人”。陪着模拟君解答疑难问题是老夫晚年的乐趣之一。在这本书中，我将尽我所能帮助大家用最少的时间（14 天）理解量子计算机的关键点，即“量子位”“量子门”和“量子纠缠”。

注：本书为外版图书的中文翻译版本，书中表示变量的字母格式一律与原书保持一致。

目 录

第0天

准备执行环境

在我们正式开始讲解量子计算机的工作原理之前，首先需要准备好编程环境。在讲解的过程中，我们会使用一种名为 Python 的可以在各种硬件和操作系统上运行的通用编程语言。Python 的优势在于它提供了可以在不同领域免费使用的模块，而且可以非常轻松地绘制动画，进行复杂的数值计算。

0.1 Python 的安装

当访问 Python 的官方网站（图 0.1），并将鼠标的光标移动到“Downloads”（图 0.1 中的①）时，就会显示出一个下拉菜单，然后单击位于其中央部分的按钮，就会显示与系统环境相匹配的安装程序。如果是 Windows 操作系统，那么单击位于“Download for Windows”下方的按钮（图 0.1 中的②），就可以下载一个名为 Python 3.8.2.exe 的可执行文件。

图 0.1 ● Python 的官方下载页面（截至 2020 年 3 月显示的画面。按钮上显示的版本号会根据页面访问的日期和时间而发生变化）

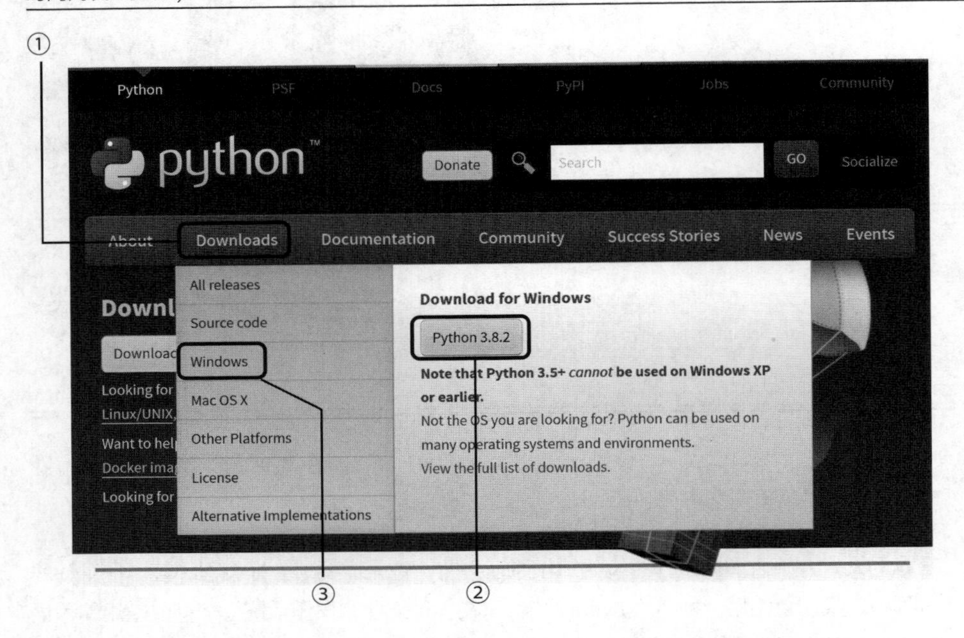

另外，按照这个步骤下载的是 32 位版本的安装程序。如果需要下载 64 位版本的安装程序，那么可以单击按钮左侧的“Windows”链接（图 0.1 中的③），跳转到当前可用的安装程序列表页面，查找并单击链接“Download Windows x86−64 executable installer”即可。64 位版本的安装程序链接截图如图 0.2 所示。

图 0.2 ● 3.8.2 版本的 Windows 64 位版本安装程序链接截图

- Python 3.8.2 - Feb. 24, 2020

  Note that Python 3.8.2 *cannot* be used on Windows XP or earlier.

  - Download Windows help file
  - Download Windows x86-64 embeddable zip file
  - Download Windows x86-64 executable installer
  - Download Windows x86-64 web-based installer
  - Download Windows x86 embeddable zip file
  - Download Windows x86 executable installer
  - Download Windows x86 web-based installer

Python 的安装程序可执行文件如图 0.3 所示。

图 0.3 ● Python 的安装程序可执行文件

双击并执行下载后的安装程序文件，就会显示如图 0.4 中所示的画面。首先，需要选中位于底部的“Add Python 3.8 to PATH”复选框。如果忘记了这一步，之后就需要在操作系统的环境变量设置界面中单独添加路径。在这里选中复选框之后，单击“Install Now”，就可以完成安装。

图 0.4 ● Python 安装程序执行画面（64 位版本）

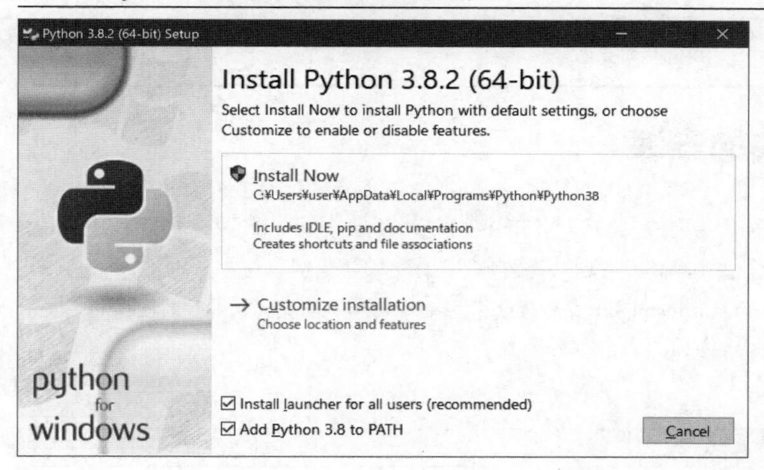

接着，需要检查是否正确安装了 Python。单击 Windows 菜单列表中的“Windows 系统”，选择显示的“命令提示符”。这样我们就可以看到图 0.5 中所示的画面。然后就可以在这个命令提示符窗口中输入命令来使用 Python。

图 0.5 ●命令提示符的启动画面

输入命令“python -V”后按下 Enter 键，检查自己的计算机中安装的是哪个版本的 Python。运行后就可以看到画面中显示的安装版本是 Python 3.8.2。

```
> python -V          # 后续在命令提示符中输入的命令都将以粗体显示
Python 3.8.2
```

0.2 外部模块的安装

接下来，我们还要安装稍后将要使用的三个外部模块，如表 0.1 所示。此时，需要使用 Python 中附带的名为 pip 的 Python 软件包管理工具。只要在刚刚讲解的命令提示符中分别输入 pip install numpy、pip install scipy 和 pip install matplotlib 命令就可以自动安装外部模块。如果最后在画面中显示了 Successfully，就表示已经安装成功。

表 0.1 ●需要安装的外部模块

模块名称	说明
numpy	一个可以将向量和矩阵作为类型化多维数组处理，并执行高速矩阵运算的模块
scipy	用于科学计算的数值解析模块。在本书中将其用于数值积分的计算
matplotlib	一种用于将 Numpy 创建的数据绘制成图表的模块

要检查这些模块是否安装正确，使用 pip list 命令显示出模块列表之后再进行确认就会一目了然。如下所示，其中不仅显示了外部模块列表，还同时显示了版本。只要能够在这个列表中看到 numpy、scipy 和 matplotlib，那就表示已经正确地安装了这些模块。

```
> pip list
```

```
Package         Version
--------------- -------
cycler          0.10.0
kiwisolver      1.1.0
matplotlib      3.2.1
numpy           1.18.2
pip             20.0.2
pyparsing       2.4.6
python-dateutil 2.8.1
scipy           1.4.1
setuptools      41.2.0
six             1.14.0
```

不过，在进行上述操作时，可能会收到“可以使用最新版本，请升级 pip 的版本”的通知。同时画面中也会显示相应的命令语句，大家可以直接执行这个命令，将系统升级到最新的版本。

0.3 文本编辑器 Visual Studio Code 的准备

只要有命令提示符和记事本，就可以开发 Python 程序。但是如果使用功能丰富的文本编辑器，开发的效率就会得到显著的提升。因此，接下来将对“Visual Studio Code”文本编辑器进行介绍。

Visual Studio Code 是由微软公司免费提供的文本编辑器软件。其中提供了根据 Python 语言的语法改变字符颜色和字体的语法高亮功能、在输入时自动补充变量名和方法名的代码补全功能以及为程序调试操作提供支持的调试器。它们都是一些便于使用的功能，请大家一定要物尽其用。

安装 Visual Studio Code 时，只需要访问官方网页并下载和执行与自己的操作系统匹配的安装程序即可。这里的操作很简单，就不做过多赘述了。接下来，将对如何引入 Python 的扩展功能（图 0.6）进行讲解。启动 Visual Studio Code，按照下列步骤进行操作。

图 0.6 ●引入用于 Python 的扩展功能

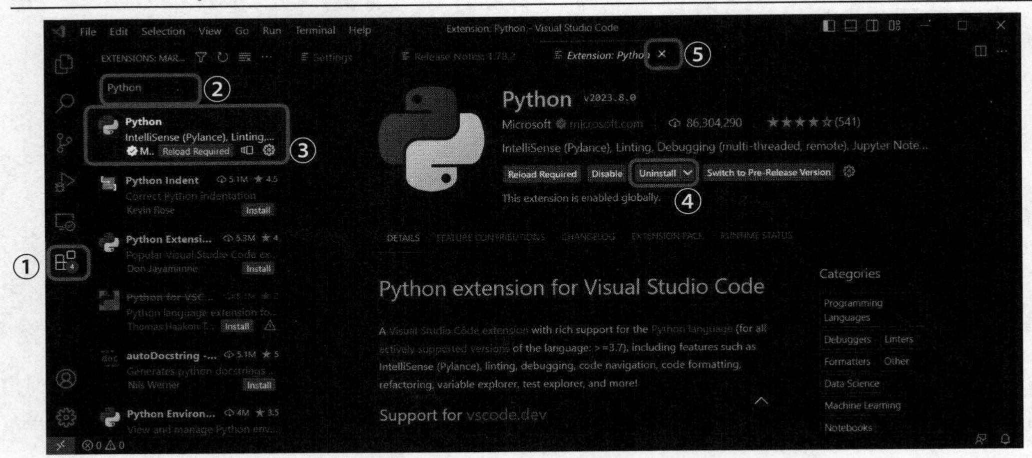

① 单击左侧菜单中的功能扩展按钮。

② 在文本框中输入“Python”。

③ 画面中会显示与 Python 相关的扩展功能列表，请单击第一个“Python”。

④ 画面中会显示所选择的扩展功能的说明，请单击“Install”进行安装。

⑤ 安装完成之后，请单击选项卡上的关闭按钮。

这样我们就完成了导入新功能的操作。再次单击①中的功能扩展按钮，就可以隐藏扩展功能列表。

接下来，我们将对如何使用 Visual Studio Code 编写 Python 程序代码和执行程序的方法进行讲解。尝试双击程序源码“HelloWorld.py”。如果在安装 Visual Studio Code 时正确地关联了扩展名“py”，系统就会自动启动 Visual Studio Code。如果 Visual Studio Code 未自动启动，就需要右击源文件，将光标悬停在“打开方式”，然后选择 Visual Studio Code。

这个源文件中仅包含一行如下所示的内容。

```
print("Hello World")
```

print 是一个专门用于在终端上显示字符串的函数，执行这一程序源码，就可以将“Hello World”显示在终端中。请尝试按照下列步骤执行这个程序，如图 0.7 所示。

图 0.7 ●程序的执行步骤

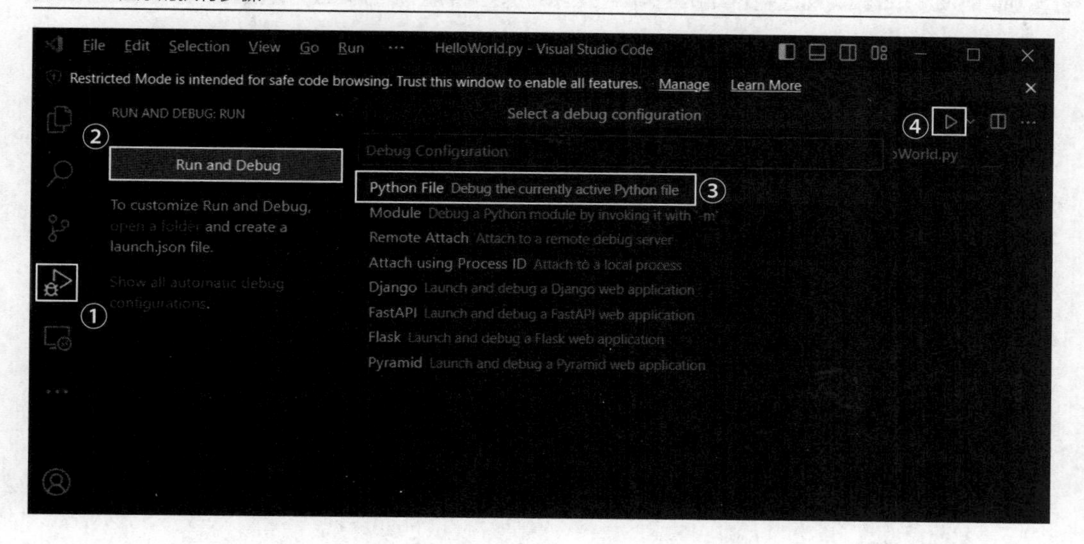

① 单击左侧菜单中的执行按钮。

② 单击“Run and Debug”（执行和调试）按钮。

③ 单击“Python File”。

这种程序执行方法被称为“在调试模式下执行”。当程序源码中存在 Bug 时，可以获取发生错误时的变量的值等信息。虽然程序的执行速度会因此而减慢，但是在调试模式下，执行代码进行开发可以提高效率。此外，还可以在调试模式下进行一种非常有利于程序开发的断点设置。那就让我们赶紧在调试模式下执行程序源码 HelloWorld.py，然后查看终端上显示的内容吧！

另一方面，在安装好程序之后，单击右上方的 ▷ 按钮（图 0.7 中的④），就可以“正常执行”代码。与调试模式相比，速度会快好几倍。

0.4 用 Python 绘图

在 Python 中，使用之前安装的 matplotlib 模块就可以很轻松地绘制图表。在下面的程序源码中绘制了 $y = \sin(\pi x)$ 的二维图形，可以打开示例程序 graph_test.py 进行查看。

程序代码 0.1 ●绘图测试（graph_test.py）

```
import math  <-------------------------------------------------- （※1）
import matplotlib.pyplot as plt  <------------------------------- （※2）
# 绘制范围
x_min = -1.0
x_max = 1.0
# 绘制区间的个数
N = 100
# 列表的生成
xl = []  <----------------------------------------------------- （※3-1）
yl = []  <----------------------------------------------------- （※3-2）
# 数据的生成
for i in range(N+1):  <------------------------------------------ （※4）
    x = x_min + (x_max -x_min)*i/N  <---------------------------- （※5-1）
    y = math.sin( math.pi * x )  <------------------------------- （※5-2）
    xl.append(x)  <---------------------------------------------- （※6-1）
    yl.append(y)  <---------------------------------------------- （※6-2）

# 设置绘制范围
plt.xlim([-1.0,1.0])  <------------------------------------------ （※7-1）
plt.ylim([-1.2,1.2])  <------------------------------------------ （※7-2）
# 图表的绘制
plt.plot(xl,yl)  <----------------------------------------------- （※8）
# 图表的显示
plt.show()  <---------------------------------------------------- （※9）
```

（※1） 当我们使用三角函数、指数函数和对数函数等初等函数时，需要导入一个名为 math 的模块。使用 math 模块定义函数和常数时，需要以 math.××× 的形式（××× 是函数名或常数名）编写代码。

（※2） matplotlib.pyplot 是指 matplotlib 中的 pyplot 的意思。就像（※ 1）的 math 模块一样，在使用导入的函数和常数时，需要以 matplotlib.pyplot.××× 的形式编写代码。但是如果在导入时加上 as plt，就可以写成 plt.××× 的形式，而不用写成冗长的 matplotlib.pyplot.××× 的形式。

（※3） C 语言中常见的数组在 Python 中被称为列表。在这里可以初始化用于保存绘制图表时需要使用的 x 轴数据和 y 轴数据的列表。

（※4） $i = 0,1,2,\cdots$ 直到 N 为止都是 $N + 1$ 次的循环语句。C 语言中 for 语句和 if 语句的范围是使用 { 和 } 括起来表示的。而 Python 是使用缩进（Indent）来表示范围的。

（※5） 此处计算图表绘制点 (x, y) 的值。在 x_min 到 x_max 范围内等间距指定 x 的值，将与 x 对应的 $\sin(\pi x)$ 的值代入 y 中。

（※6） 使用 append 方法可以在列表的末尾添加新的元素。

（※7） xlim 方法和 ylim 方法可以分别用于指定绘制图表时的 x 轴和 y 轴的范围。

（※8） 使用（※ 6）生成的列表 xl 和 yl 调用绘制图表的方法。需要注意的是，此时还不会显示图表。

（※9） 调用实际显示图表的方法。执行结果如图 0.8 所示。可以看到程序成功地绘制出了我们期望的图形。

图 0.8 ●基于 Python 绘图的图形

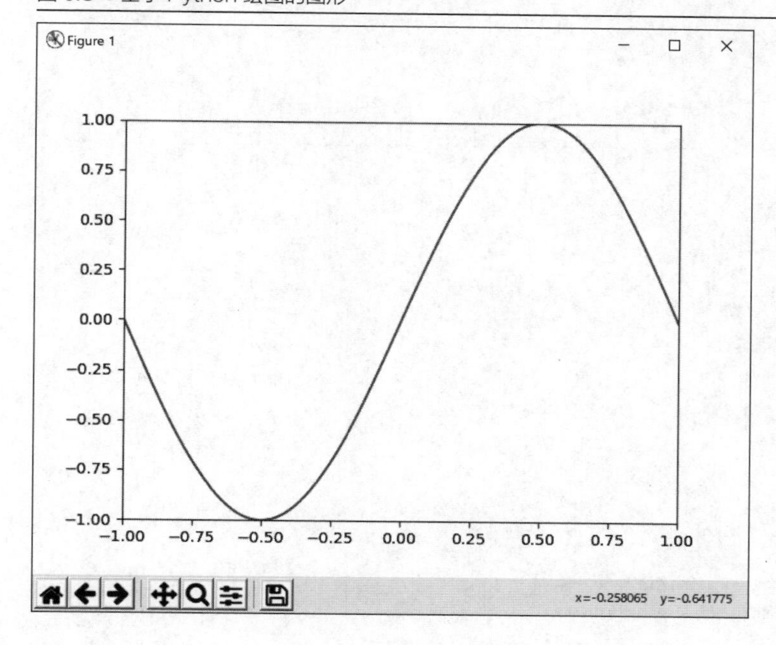

0.5 用 Python 绘制图形动画

使用 matplotlib 模块可以轻松地通过逐渐改变参数绘制图表的方式来生成动画。下列程序源码中生成了针对 $\sin(2\pi x + \phi)$，$\phi = 0 \to 2\pi$ 发生变化的动画。可以打开示例程序 animation_test.py 进行查看。但是如果在调试模式下执行代码时，那么可能无法流畅地显示动画，这时可以在正常执行模式下进行尝试。

程序代码 0.2 ●绘制图形动画的测试（animation_test.py）

```
import math
import matplotlib.pyplot as plt
import matplotlib.animation as animation  <---------------------------------------------- (※1)

import matplotlib
print(matplotlib.matplotlib_fname())

# 整个图表
fig = plt.figure(figsize=(10, 6))  <---------------------------------------------------- (※2)
```

```
# 绘制范围
x_min = -1.0
x_max = 1.0

# 用于生成动画
ims=[]  <-------------------------------------------------------------------- (※3)

# 绘制区间的个数
N = 100
# 动画分割个数
AN = 30

# 生成组成动画的每个图形
for a in range(AN):
    phi = 2.0 * math.pi * a / AN
    # 生成列表
    xl = []
    yl = []
    # 生成数据
    for i in range(N+1):
        x = x_min + (x_max -x_min)*i/N
        y = math.sin( math.pi * x + phi)
        xl.append(x)
        yl.append(y)

    # 每帧图表的绘制
    img = plt.plot(xl, yl, color="blue", linewidth=3.0, linestyle="solid" )  <---------- (※4)
    ims.append( img )

# 设置图表标题
plt.title("sin function")  <--------------------------------------------------------- (※5-1)
# 设置x轴标签和y轴标签
plt.xlabel("x-axis")  <-------------------------------------------------------------- (※5-2)
plt.ylabel("y-axis")  <-------------------------------------------------------------- (※5-3)
# 设置绘制范围
plt.xlim([-1.0,1.0])
plt.ylim([-1.0,1.0])
# 生成动画
ani = animation.ArtistAnimation(fig, ims, interval=50)  <----------------------------- (※6)
# 保存动画
ani.save("output.html", writer=animation.HTMLWriter())  <----------------------------- (※7)
# 显示图表
plt.show()
```

（※1） 这是一个实现动画所需的模块。由于是 as animation，因此可以使用 animation.××× 访问模块中的常数和方法。

（※2） 此处生成一个可以对整个图表进行各种设置的实例。如果是像上面那样只有一个图表，那么就可以省略这个步骤。如果要绘制类似动画的多张图表，那么就必须使用实例。参数 figsize=(10, 6) 表示生成的图表的大小。单位 1 表示 100px。默认值为（8.6）。

（※3） 准备一个列表来保存使用不同参数生成的图表。

（※4） 绘制每一帧图表。在绘制前面一张图表的基础上，将连线的颜色指定为蓝色（color="blue"），线宽指定为 3px（linewidth=3.0），线的种类指定为实线（linestyle="solid"）。另外，除了使用关键字之外，还可以使用 RGB（使用列表表示 R 值、G 值、B 值。例如 [0, 0, 1]）和十六进制数（例如 #0000FF）。此外，线的种类除了实线之外，还包括点线（dotted）、虚线（dashed）和点虚线（dashdot）等不同的线条风格。

（※5） 尽管在 0.4 节中进行了省略，但是我们也可以在图表中设置标题与 x 轴和 y 轴的标签。

（※6） 生成动画时，需要使用 ArtistAnimation 方法，将（※ 1）和（※ 3）生成的 fig 和 imgs 作为参数。在第三个参数 interval=50 中以 ms（毫秒）为单位设置每帧画面的时间间隔。50ms 表示每秒 20 帧（帧率：20）。

（※7） 我们也可以将生成的动画输出成文件，以便使用 HTML 格式播放。图 0.9 就是使用网络浏览器播放已生成的 HTML 文件的画面。可以使用鼠标进行播放或暂停操作。在 HTML 中，每一帧图表都保存为 PNG 格式的静止图像文件，可以根据帧率进行替换。PNG 文件保存在图 0.10 所示的文件夹中。但是如果使用外部编码器，也可以输出 GIF 动画或 MP4 格式的视频。

图 0.9 ● HTML 中的动画（使用 Google Chrome 作为网络浏览器）

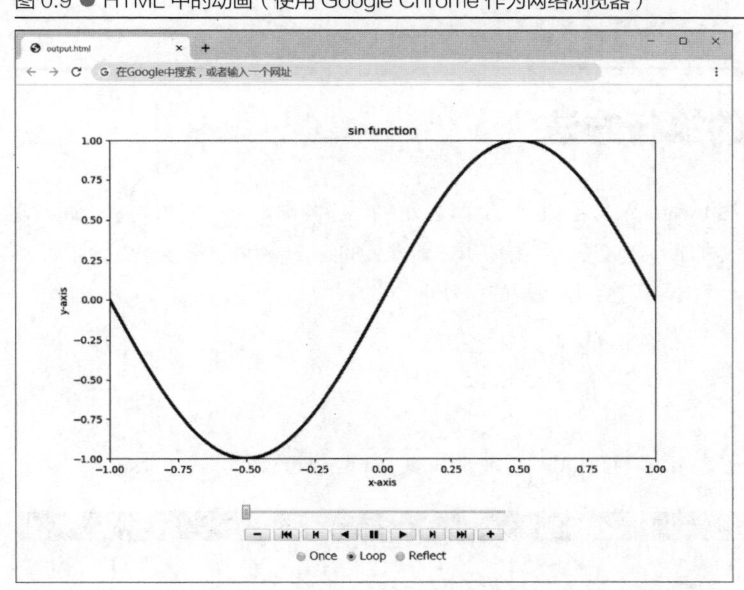

图 0.10 ●保存预先生成的静止图像（PNG 格式）的文件夹

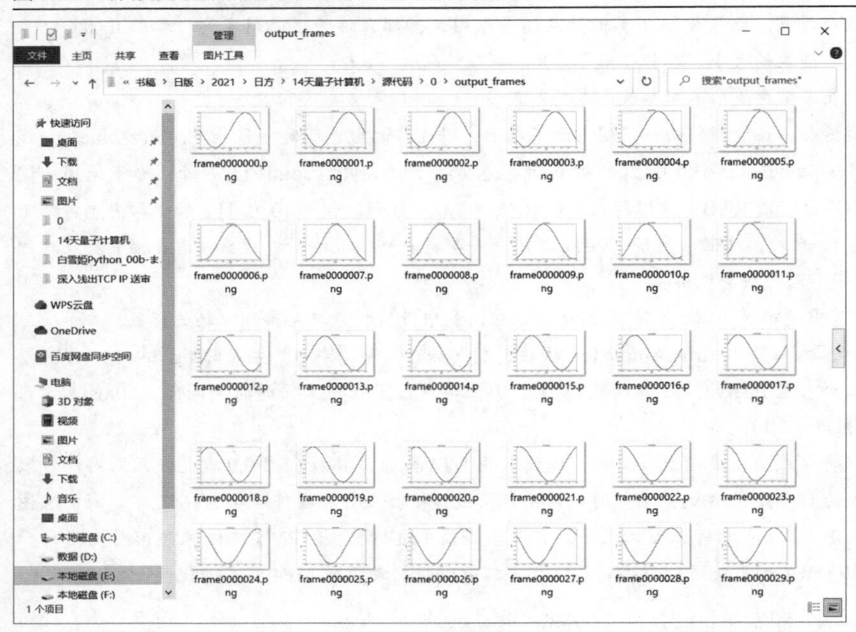

0.6 数值积分的执行方法

最后，我们将讲解如何使用 Python 进行数值积分计算。下列程序源码是一个使用高斯·勒让德算法对任意函数进行积分的示例程序。在这里，需要使用先前安装的 scipy 模块。接下来，为了研究数值积分的误差，我们将尝试计算出可以得到解析解的积分。

$$I = \int_0^1 \sin(\pi x) dx \tag{0.1}$$

显然，解析解是 $I = 2/\pi$ 。大家可以打开示例程序 integral_test.py 进行查看。

程序代码 0.3 ●数值积分：高斯·勒让德积分（integral_test.py）

```
import math
import scipy.integrate as integrate  <------------------------------------------------ (※1)

# 积分区间
x_min = 0.0
```

```
x_max = 1.0

# 被积函数
def integrand(x):  <---------------------------------------------------------------------- (※2)
    return math.sin(math.pi*x)  <---------------------------------------------------------- (式0.1)
# 解析值
exact = 2.0 / math.pi

# 数值积分的执行
result = integrate.quad(integrand,x_min,x_max)  <---------------------------------------- (※3)

# 显示计算结果
print("积分结果：" + str(result[0]))
# 显示计算误差和估计误差
print("计算误差：" + str(result[0]-exact) + " (估计误差：" + str(result[1]) + ")")  <---- (※4)
```

（※1） 在执行数值积分计算之前，需要先导入 scipy 模块中的 integrate。

（※2） 将被积函数定义成一个 Python 的函数。

（※3） 实际的数值积分运算可以使用 quad 方法执行，在第一个参数中指定被积函数，在第二个和第三个参数中分别指定积分范围的下限和上限。返回值是元组类型（无法更改元素的列表）。第一个元素中保存的是结果，第二个元素中保存的是估计误差。

（※4） 对输出到终端的计算结果进行显示。可以看到，与解析值进行比较的结果为 0。不知道是不是因为函数比较乖巧或是其他原因，这次的积分竟然计算到 15 位都没有出现计算误差。

```
积分结果：0.6366197723675814
计算误差：0.0 (估计误差：7.067899292141149e-15)
```

第1天

迅速掌握量子力学的“超”基础部分

1.1 电子是兼具“粒子”和“波”特性的量子粒子

第 1 天，我们要讲解的是量子计算机中的主人公——电子的相关特性。众所周知，像电子这样很轻的粒子（量子粒子）的运动，是能够通过被称为量子力学的一套理论来描述的。量子粒子的最大特征就是同时具备“波”和“粒子”的性质。这就是所谓的“波粒二象性”，如图 1.1 所示。这在以往的各类实验中都得到过证实。

图 1.1 ●波粒二象性

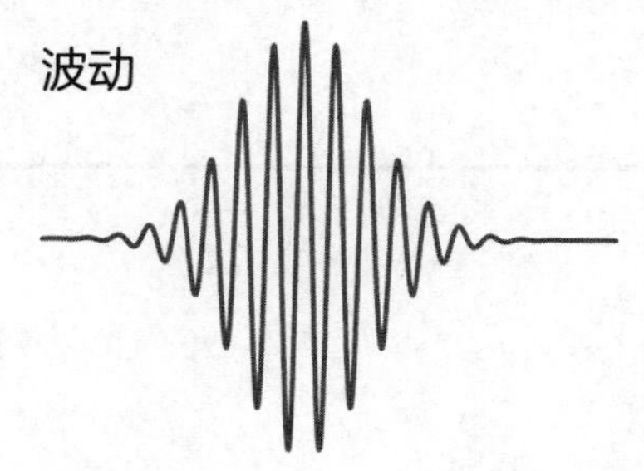

电子其实就是组成电流的物质吧？研究电子的理论不是有专门的电磁学吗？我们就用电磁学理论不行吗，为什么还需要学习量子力学呢？

电磁学中研究的电子我们称为点电荷，将其当成一种粒子来看待，完全不会考虑电子的波动性。因此，电磁学是无法对回旋在原子核周围的电子进行描述的。

原来这样啊！也就是说，正是因为电子具备波动性，所以原子才能够存在吧？这样看来，能描述这种量子粒子的量子力学真的很厉害呀！

在量子力学里，量子粒子的状态是用所谓波函数的复数的标量函数（注意不是向量哦）来表示的。如果是在一维的场合，那么对于位置 x、时间 t 的量子粒子的波函数可以表示为如下形式。

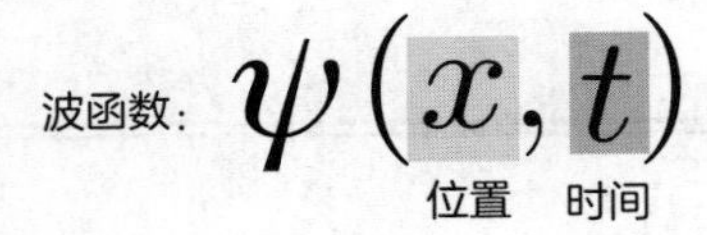

其中，ψ 是读作普赛的希腊字母。虽然我们是用这个波函数来表示波动性，但是用 $|\psi(x,t)|^2$ 就可以表示粒子在这个地点（位置 x、时间 t）中存在的概率。这被称为“玻恩概率诠释”，虽然还没有人能证明这一观点，但是在以往所有实验的观测结果中，这一观点都无一例外地得到了确认。

那就是说，玻恩概率诠释属于量子力学的原理部分（不需要证明即可使用的东西）。虽说如此，波函数还真的是很厉害呢！ $\psi(x,t)$ 在保持波动性的同时，$|\psi(x,t)|^2$ 就能确保粒子性。

正是。这个波函数服从的方程就是大名鼎鼎的薛定谔方程。今天，我们要讲解的内容就是薛定谔方程的基本求解方法。

1.2 薛定谔方程

1.2.1 什么是薛定谔方程

由于波函数 $\psi(x,t)$ 的参数中包含时间和空间这两个变量函数，因此我们要注意这里使用的不是微分方程，而是偏微分方程。先抛开薛定谔方程的推导过程，下面让我们看看方程的本身。

基本方程 薛定谔方程

$$i\hbar\frac{\partial\psi(x,t)}{\partial t}=\hat{H}(x,t)\psi(x,t) \qquad (1.1)$$

$\hat{H}(x,t)$ 被称为哈密顿算符，在 1.2.1 小节中我们再作详细讲解。i是虚数，$\hbar$是所谓的狄拉克常数（1.055×10^{-34} [Js]），实际上就是将普朗克常数（$h=6.626\times10^{-34}$ [Js]）这一量子力学中最基本的量除以2π后得到的数值。关于普朗克常数的定义我们稍后再进行详细的讲解。

而$\partial\psi(x,t)/\partial t$表示的是对时间$t$的偏微分，这在数学上的操作其实就是将$t$以外的变量当作常量，然后用 t 进行微分。如果是微分操作，我们一般用符号 d 表示；偏微分操作就要用符号 ∂ 表示。

数学定义 偏微分的定义

$$\frac{\partial f(x,y)}{\partial x}\equiv\lim_{\Delta x\to0}\frac{f(x+\Delta x,y)-f(x,y)}{\Delta x} \qquad (1.2)$$

式（1.1）中的薛定谔方程中，只有当我们给出与需要解决的问题相对应的哈密顿算符时，才能真正完成波函数的偏微分方程。

1.2.2 经典力学的哈密顿算符与量子力学的哈密顿算符

经典力学中的哈密顿算符是一个对应能量的量，当施加在粒子上的力与速度无关时，可以表示为动能（T）与势能（V）的和。

定　义 哈密顿算符（经典力学）

$$H=T+V \qquad (1.3)$$

当势能不显式地依赖于时间时，哈密顿算符就是一个常量，遵循能量守恒定律。经典力学中的动能是用粒子的质量 m、速度 $\boldsymbol{v}$ 或者说动量 $\boldsymbol{p}$（$=m\boldsymbol{v}$）来表示的，即

$$T=\frac{1}{2}m\boldsymbol{v}^2=\frac{\boldsymbol{p}^2}{2m} \qquad (1.4)$$

势能 V 则是表示粒子所受到的作用力 F 的来源的量，与作用力 F 存在如下关系，即

$$F=-\frac{dV}{dx},\quad V=-\int F dx \qquad (1.5)$$

也就是说，势能在空间中的斜率就是粒子所受的作用力。接下来，我们将介绍量子力学中的哈密顿算符，其实与经典力学中的形式是一样的。当施加在粒子上的力与速度无关时，表示为动能与势能的和。

定 义 哈密顿算符（量子力学）

$$\hat{H} = \hat{T} + \hat{V} \tag{1.6}$$

式（1.6）中每个符号上方的“^”被称为“帽子”，从经典力学切换到量子力学，其实就是将位置 x 和动量 p 替换成位置算符 $\hat{x}$ 和动量算符 $\hat{p}$。

$$T = \frac{p^2}{2m} \to \hat{T} = \frac{\hat{p}^2}{2m}, \quad V(x,t) \to \hat{V}(\hat{x},t)$$

需要注意的是，这里的 $\hat{x}$ 和 $\hat{p}$ 并不是经典力学中的变量，而是算符。

1.2.3 位置算符与动量算符的正则对易关系

刚才我们讲过，位置算符 $\hat{x}$ 与动量算符 $\hat{p}$ 并不是经典力学中的变量，接下来我们只要再根据正则对易关系，那么从经典力学到量子力学的转换也就完成了。在数学中交换关系的定义如下。

数学定义 交换关系的定义

$$[A,B] \equiv AB - BA$$

如果 A 和 B 都是普通的数，那么它们的乘积就与排列顺序无关，因此恒等于零。如果 A 和 B 是算符或矩阵，那么它们的乘积就会与排列顺序相关，因此不等于零。因此，在之前的位置算符 $\hat{x}$ 和动量算符 $\hat{p}$ 的交换关系中还要求满足正则对易关系。

物理定义 正则对易关系

$$[\hat{x},\hat{p}] = \hat{x}\hat{p} - \hat{p}\hat{x} = i\hbar \tag{1.7}$$

这个 $\hat{x}$ 与 $\hat{p}$ 的关系被称为正则对易关系，强制要求满足这种关系就是所谓的量子化。先前我们引入的波函数虽说是以位置和时间为参数的函数，实际上我们也可以将位置算符 $\hat{x}$ 当作普通的变量x看待。这样的波函数$\psi(x,t)$被称为位置表象的波函数。反之，我们也可以将动量与时间作为参数定义波函数$\psi(p,t)$，此时我们可以将动量算符$\hat{p}$当作普通的变量p处理。这种波函数$\psi(p,t)$就被称为动量表象的波函数。

言归正传，如果要使薛定谔方程能够支持位置表象的波函数，那么就需要将动量算符$\hat{p}$用变量x来表示。满足式（1.7）的正则对易关系的$\hat{p}$可表示为如下形式。

物理定义 **位置表象中的动量算符**

$$\hat{p}=\frac{\hbar}{i}\frac{\partial}{\partial x} \tag{1.8}$$

上面之所以是x的偏微分，是因为我们是以$\hat{p}$是作用于$\psi(x,t)$这个二元函数为前提的。将$\hat{p}$设置为式（1.8）时，满足式（1.7）的正则对易关系的证明过程可以参考【贴士 1】。

1.2.4 位置表象中的薛定谔方程

如果我们将式（1.6）中量子化的哈密顿算符带入薛定谔方程 [式（1.1）] 中，考虑到这是位置表象的波函数，那么薛定谔方程就可以转换成如下形式。

基本方程 **薛定谔方程**

$$i\hbar\frac{\partial\psi(x,t)}{\partial t}=\left[-\frac{\hbar^2}{2m}\frac{\partial^2}{\partial x^2}+V\right]\psi(x,t) \tag{1.9}$$

1.2.5 波函数的归一条件

我们已经解释过，$|\psi(x,t)|^2$是在时间t时，粒子存在于位置x上的概率，不过这个概率是需要在整个空间中保存的。因此，既然波函数必须满足总概率为 1，那么我们就可以得到如下的公式。

$$\int_{-\infty}^{\infty}|\psi(x,t)|^2dx=1 \tag{1.10}$$

这个就是波函数的归一条件，而且必须是在任意时间内都成立。

1.2.6 【贴士 1】位置表象中正则对易关系的证明

由于算符的意义原本就是作用于波函数的，因此要验证式（1.7）的正则对易关系就需要先对位置表象的波函数 $\psi(x,t)$ 产生作用后，再计算 $\hat{x}$ 与 $\hat{p}$ 的对易关系，即

$$\begin{aligned}[\hat{x},\hat{p}]\psi(x,t) &= \hat{x}\,\frac{\hbar}{i}\,\frac{\partial\psi}{\partial x} - \frac{\hbar}{i}\,\frac{\partial}{\partial x}(x\psi) \\ &= x\,\frac{\hbar}{i}\,\frac{\partial\psi}{\partial x} - \left(\frac{\hbar}{i}\,\psi + \frac{\hbar}{i}\,x\,\frac{\partial\psi}{\partial x}\right) \\ &= -\frac{\hbar}{i}\,\psi = i\hbar\psi\end{aligned} \tag{1.11}$$

对照左边与右边最后的公式，显然是满足式（1.7）的正则对易关系的。另外，上述计算过程中有两点是需要注意的：一是算符 $\hat{x}$ 通过 $\psi(x,t)$ 与其导数的作用被置换成了普通的变量 x；二是 $\hat{p}$ 不仅作用于紧接其后的 x，也会作用于随之而来的 ψ。还有就是，当分母中存在虚数 i 时，只要将分子和分母同时乘以 i 就可以将分母中的 i 消去。

1.3 势能项不依赖于时间的场合

当势能项 V 不依赖于时间时，式（1.9）的薛定谔方程对时间的依赖性就是唯一确定的。所以作为这种偏微分方程的解，也就是波函数，就一定会变成空间依赖部分和时间依赖部分完全分开的形式，即

$$\psi(x,t) = \varphi(x)T(t) \tag{1.12}$$

将式（1.12）代入式（1.9）中，就可以推导出分别对应时间依赖部分和空间依赖部分的常微分方程。

原来如此，那么这就是一个可分离变量型的偏微分方程了。将式（1.12）代入式（1.9）之后，再将两边除以 $\varphi(x)T(t)$，这样左边就只有时间 t，右边就只有位置 x 了，即

$$i\hbar\,\frac{1}{T(t)}\,\frac{dT(t)}{dt} = \frac{1}{\varphi(x)}\left[-\frac{\hbar^2}{2m}\,\frac{d^2}{dx^2} + V\right]\varphi(x) \tag{1.13}$$

然后要使任意的 t 和 x 对应的两边相等，也就只可能是左、右两边都是常数才行了，因此只要给定该常数（分离常数）就可以了。

正是如此。式（1.13）的右边原本是表示经典力学中的能量的哈密顿算符，因此分离常数表示的是能量。把 E 当作分离常数，分解成两个常微分方程，就能够得到如下所示的结果。

$$i\hbar \frac{1}{T(t)} \frac{dT(t)}{dt} = E \tag{1.14}$$

$$\frac{1}{\varphi(x)} \left[-\frac{\hbar^2}{2m} \frac{d^2}{dx^2} + V \right] \varphi(x) = E \tag{1.15}$$

这样就可以对时间依赖部分的常微分方程式（1.14）进行求解。对式（1.14）进行整理，就可以得到下面的公式。

$$\frac{dT(t)}{dt} = -i \frac{E}{\hbar} T(t)$$

由于这个方程表示对 $T(t)$ 进行一次微分（左边），就会变成 $T(t)$ 的常数（$-iE/\hbar$）倍（右边），因此，解就是指数函数的形式。如果初始条件为 $T(0) = T_0$，那么 $T(t)$ 就是如下所示的形式，即

$$T(t) = T_0 e^{-i\omega t} \tag{1.16}$$

原来如此。波函数只是单纯地通过 $\omega = E/\hbar$ 给出的角频率进行简谐振动。

正是如此。另外一个引人深思的地方是 $\omega = E/\hbar$ 表示角频率和能量的关系。鉴于角频率 ω 和频率 ν 是 $\omega = 2\pi\nu$ 的关系，而狄拉克常数 $\hbar$ 和普朗克常数 h 是 $\hbar = h/2\pi$ 的关系，那么我们就可以通过它们导出下列的关系。

物理法则 能量与频率（角频率）的关系（爱因斯坦关系）

$$E = \hbar\omega = h\nu \tag{1.17}$$

这意味着量子粒子的能量与频率成正比，该比例常数就是普朗克常数。这就是普朗克常数的含义。这种关系的有趣之处在于它并不显式地依赖于粒子的质量 m。因此，除了具有质量的电子之外，这种关系也适用于质量为 0 的光的粒子，即“光子”。

言归正传。实际上，量子粒子的能量 E 是无法单独使用式（1.15）来确定的。对式（1.15）稍微进行变形之后的下列公式被称为“不含时薛定谔方程”。给定与问题匹配的势能项并对公式进行求解，就可以同时得到波函数的空间依赖部分 $\varphi(x)$ 和能量 E。

基本方程 不含时薛定谔方程

$$\left[-\frac{\hbar^2}{2m}\frac{d^2}{dx^2}+V\right]\varphi(x)=E\varphi(x)$$

对上述公式使用先前的哈密顿算符 $\hat{H}$，就可以表示为下列形式，即

$$\hat{H}\varphi(x)=E\varphi(x) \tag{1.18}$$

不局限于量子力学，针对一般算符 $\hat{A}$ 的下列方程被称为本征方程，即

$$\hat{A}\varphi(x)=a\varphi(x) \tag{1.19}$$

式中：a 为本征值，$\varphi(x)$ 为本征函数。如果是式（1.18）的薛定谔方程，那么 E 被称为本征能量（或者能量本征值），$\varphi(x)$ 则被称为能量本征函数，或者将这种状态统称为能量本征态。在后面的内容中，如果我们只说“能量”，除非特别注明，否则就是指本征能量，同时也会省略“能量”，而只说“本征函数”和“本征态”。

我总算明白了。当势能不依赖于时间时，作为薛定谔方程的解，能够得到的不仅是能量本征函数，还包括与之对应的能量本征值。如式（1.16）所示，波函数通过与能量直接相关的角频率 ω 进行简谐振动。也就是说，波函数一定会变成下列形式（假设 $T_0=1$）。

$$\psi(x,t)=\varphi(x)e^{-i\omega t}$$

此外，它还能够满足归一条件 [式（1.10）]，即

$$\int_{-\infty}^{\infty}|\psi(x,t)|^2dx=\int_{-\infty}^{\infty}|\varphi(x)|^2dx=1 \tag{1.20}$$

好期待接下来将要挑战的各种问题呀！

【贴士 2】从“偏微分”到“常微分”的过渡

接下来，将展示当 $\psi(x,t)=\varphi(x)T(t)$ 被代入式（1.10）的左边时，如何从偏微分转换到常微分的计算步骤。

$$\frac{\partial\psi(x,t)}{\partial t}=\frac{\partial\varphi(x)T(t)}{\partial t}=\varphi(x)\frac{\partial T(t)}{\partial t}=\varphi(x)\frac{dT(t)}{dt}$$

由于时间t的偏微分不作用于$\varphi(x)$，因此我们可以将它原封不动地从偏微分中挪出来。然后，由于$T(t)$是一个只依赖于t的函数，其偏微分的计算与常微分相同，因此可以进行置换。

第2天

计算自由空间中电子的运动

2.1 自由空间中的波函数

从今天开始，我们终于要实际地对薛定谔方程进行求解了。简单得不能再简单的一个问题是关于没有施加任何力的自由空间中的电子的运动。假设式（1.15）中的 $V=0$，那么对得到的下列公式进行求解，即

$$-\frac{\hbar^2}{2m}\frac{d^2\varphi(x)}{dx^2}=E\varphi(x)$$

这样，就可以计算出在自由空间中运动的电子的本征函数和本征能量。其中，m 是电子的质量。

如果对式（1.20）像式（2.1）一样

$$k=\sqrt{\frac{2mE}{\hbar^2}} \tag{2.1}$$

将常量集中在一起的话，就可以将其转换成一个极其简单的二阶微分方程，即

$$\frac{d^2\varphi(x)}{dx^2}=-k^2\varphi(x)$$

没想到这竟然与经典力学中弹簧振子的微分方程完全相同。也就是说，使用 A 和 B 这两个常量可以获得能量的本征函数，即

$$\varphi(x) = Ae^{ikx} + Be^{-ikx} \tag{2.2}$$

然后，自由空间中电子的波函数就可以用下列公式表示，即

$$\psi(x,t) = \varphi(x)e^{-i\omega t} = Ae^{ikx-i\omega t} + Be^{-ikx-i\omega t} \tag{2.3}$$

这就是经典力学中经常出现的平面波（【贴士 3】)。

正是如此。式（2.1）中定义的 k 被称为波数，是表示每单位长度的波数的量。要知道能量越高，波数就会越大。此外，我们对式（2.1）进行转换，就可以得到如下公式，即

$$E = \frac{\hbar^2 k^2}{2m} \tag{2.4}$$

与式（1.4）进行对比就能够看出，由于它与动能公式具有相同的形式，即

$$p = \hbar k \tag{2.5}$$

因此，可以说式（2.5）表示的其实就是电子的动量。另外重要的一点在于，k 也可以通过 E 与 ω 产生关系。根据式（1.17）与式（2.4），我们可以得出一个与波的传播相关的重要的关系表达式，即色散关系。

物理法则 自由空间中电子的色散关系（角频率与波数的关系）

$$\omega = \frac{\hbar k^2}{2m} \tag{2.6}$$

色散关系是表示波的传播介质的性质的量。虽然式（2.6）是 $\omega \propto k^2$（与平方成正比）的关系，但是除了 $\omega \propto k$（正比）之外，还包括那些无法单纯用幂表示的关系以及各种不同的关系。关于这个电子的色散关系，我们将在第 4 天再进行详细讲解。

考虑到色散关系，那么式（2.3）就可以进行如下转换，即

$$\psi(x,t) = Ae^{ik[x-\hbar k/(2m)\,t]} + Be^{-ik[x+\hbar k/(2m)\,t]} \tag{2.7}$$

第一项和第二项分别表示随时间向前移动的前向波和向后移动的后向波。考虑波的传播方向时，只需要注意表示波的相位部分的第一项和第二项指数函数的右肩部分为 0 的点即可。也就是说，第一项和第二项的波的峰值位置会改变时间。即

$$x(t) = \frac{\hbar k}{2m}t$$
$$x(t) = -\frac{\hbar k}{2m}t$$

因此，我们立刻就能得知波峰位置的移动速度为

$$v = \pm\frac{\hbar k}{2m}$$

正是如此。这个相位的移动速度是波函数中非常重要的量，被称为相速度。我们马上就可以进行验证，相速度与色散关系之间存在下列关系。

物理定义 色散关系与相速度的关系

$$v_p = \frac{\omega(k)}{k} \tag{2.8}$$

式中：v_p 的 p 是表示相位的英文单词 phase 的缩写。如果是平面波，通过式（2.5）和式（2.8）就可以得到速度与动量之间的关系。

$$p \neq mv_p$$

需要注意的是，这与经典力学是不同的。

2.1.1 【贴士 3】电子的平面波（$t = 0$ 的快照）

让我们回顾一下式（2.3）中所示的平面波。为了可视化电子的能量 $E = 1$ eV（关于能量单位 eV 请参考【贴士 4】）的平面波，式（2.3）就是 $A = 1$，$B = 0$，且时间 $t = 0$ 的快照。由于波函数是复数，因此实部和虚部是分开进行绘制的，如图 2.1 所示。

图 2.1 ●电子的能量 $E = 1$ eV 的平面波的空间依赖性（planeWave.py）

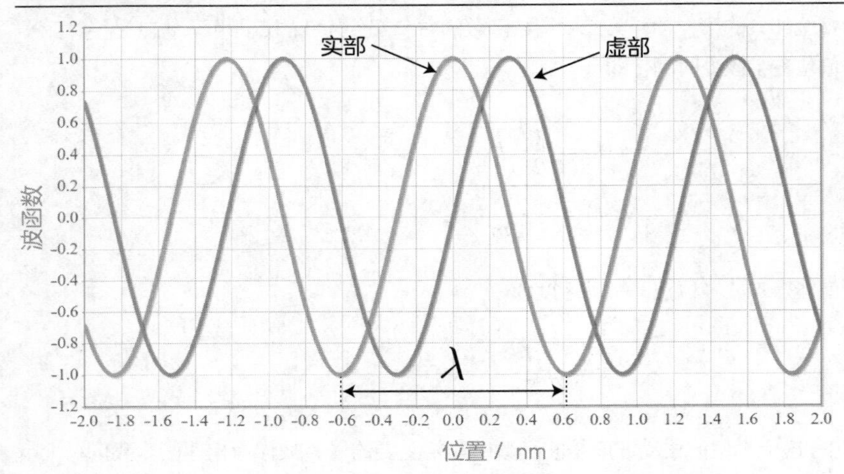

时间 $t = 0$ 的波函数的实部和虚部分别为

$$\mathrm{Re}[\psi(x,t)] = \cos(kx) \tag{2.9}$$

$$\mathrm{Im}[\psi(x,t)] = \sin(kx) \tag{2.10}$$

由于波长 λ 可以被认为是相位（cos 函数的参数）从 $0 \to 2\pi$ 变化的长度，因此可以将 $k\lambda = 2\pi$ 转换成 $\lambda = 2\pi/k$ 。当电子的能量 $E = 1$ eV 时，波数就是式（2.1）中的 $k = 5.123 \times 10^9$ m，于是波长的计算结果就是 $\lambda = 1.226 \times 10^{-9}$ m $= 1.226$ nm 。图 2.1 中的峰到峰的距离对应的就是波长。电子的质量 $m = 9.109 \times 10^{-31}$ kg。

另外，当 $A = 1$ ，$B = 0$ 时，电子的平面波的存在概率就是 $|\psi(x,t)|^2 = 1$ ，是一个与位置或时间无关的常量。这意味着电子在任何地方都是相同的。

2.1.2 【贴士 4】能量单位 eV 的定义

当我们向金属等电导体施加电压时，就会产生与电压大小成比例的电流。这是因为作为电流组成物质的电子因被施加的电压而承受作用力，于是产生了相应的运动的缘故。电子在被加速时是具有动能的，而能量单位 eV（电子伏特）是指这个电子被 1 V 的电压加速时所得到的动能大小。虽然我们通常是将焦耳（J）作为能量的单位使用，但是如果是处理像电子这样非常轻的粒子，由于能量是非常小的值，因此将 eV 作为能量单位更为常用。它与 J 的换算关系是 $1\ \mathrm{eV} = 1.602 \times 10^{-19}$ J 。

2.2 平面波的时间依赖性

刚刚讲解的平面波的时间依赖性，无论是经典力学还是量子力学都是相同的。假设电子的能量为 E，由于我们可以通过式（2.4）确定波数 k，通过式（1.17）确定角频率 ω，因此就可以使用这些元素来计算平面波的时间依赖性。

如果电子的能量为 $E = 1$ eV，那么角频率就是 $\omega = E/\hbar = 1.519 \times 10^{15}$ rad/s，周期就是 $T = 2\pi/\omega = 4.136 \times 10^{-15}$ s。也就是说，要生成动画的话，没有大约10^{-16} s 的时间间隔就不行。

正是如此。你可以尝试一下，当电子的能量 E = 0.25 eV，1.0 eV，4.0 eV 时生成前向波实部的动画。

我明白了。如式（2.1）所示，由于波数与电子能量的平方根成正比，因此，当能量变成 4 倍时，波数就是 2 倍；当能量变成 1/4 倍时，波数就是 1/2 倍。然后由于波长与波数成反比，因此，当能量变成 4 倍时，波长就是 1/2 倍；当能量变成 1/4 倍时，波长就是 2 倍。原来如此，所以我们才需要将电子的能量设置为成 4 倍的 E = 0.25 eV，1.0 eV，4.0 eV 的形式。

2.2.1 平面波动画的程序源码（Python）

下面是将区间 −2 ~ 2 nm 的空间领域中的前向波 [式（2.7）中的 $A = 1$ 和 $B = 0$] 的实部以时间刻度 10^{-16} s 生成动画的程序源码。为了方便进行比较，我们将同时输出三个能量（E = 0.25 eV，1.0 eV，4.0 eV）。

程序源码 2.1 ●平面波动画（planeWave_animation.py）

```
import math
import matplotlib.pyplot as plt
import matplotlib.animation as animation

# 整个图表
fig = plt.figure(figsize=(10, 6))
# 整体设置
plt.rcParams['font.family'] = 'Times New Roman' # 字体  <------------------------------ （※1-1）
```

```
plt.rcParams['font.size'] = 12 # 字体大小  <------------------------------------------ （※1-2）

########################################
# 物理常数
########################################
# 普朗克常数
h = 6.6260896 * 10**-34
hbar = h / (2.0 * math.pi)
# 电子质量
me = 9.10938215 * 10**-31
# 电子伏特
eV = 1.60217733 * 10**-19

########################################
# 物理相关的设置
########################################
# 电子能量
E1 = 0.25 * eV
E2 = 1.0 * eV
E3 = 4.0 * eV
# 波数
k1 = math.sqrt(2.0 * me * E1 / (hbar * hbar))  <------------------------------------ 式（2.1）
k2 = math.sqrt(2.0 * me * E2 / (hbar * hbar))  <------------------------------------ 式（2.1）
k3 = math.sqrt(2.0 * me * E3 / (hbar * hbar))  <------------------------------------ 式（2.1）
# 角频率
omega1 = E1/hbar  <--------------------------------------------------------------- 式（1.16）
omega2 = E2/hbar  <--------------------------------------------------------------- 式（1.16）
omega3 = E3/hbar  <--------------------------------------------------------------- 式（1.16）
# 时间间隔
dt = 10**-16
# 空间刻度间隔
dx = 10**-9
# 空间刻度数
XN = 400
# 时间刻度数
TN = 1000
# 空间宽度
x_min = -2.0
x_max = 2.0

# 用于生成动画
ims=[]

# 对应每一时刻的计算
for tn in range(TN):
    t = dt * tn
```

```
    # 用于保存数据
    xl=[]
    psi1l=[]
    psi2l=[]
    psi3l=[]
    for ix in range(XN):
        x = (x_min + (x_max - x_min) * ix/XN) * dx
        psi1 = math.cos(k1 * x - omega1 * t)  <-------------------------------------- 式(2.9)
        psi2 = math.cos(k2 * x - omega2 * t)  <-------------------------------------- 式(2.9)
        psi3 = math.cos(k3 * x - omega3 * t)  <-------------------------------------- 式(2.9)
        # 生成绘图数据
        xl = np.append(xl, x/dx)
        psi1l = np.append(psi1l, psi1)
        psi2l = np.append(psi2l, psi2)
        psi3l = np.append(psi3l, psi3)

    # 绘制每一帧
    img  = plt.plot(xl, psi1l, color='red', linestyle='solid',
                            linewidth = 3.0, label='E_1')  <---------------------- (※2-1)
    img += plt.plot(xl, psi2l, color='green', linestyle='solid',
                            linewidth = 3.0, label='E_2')  <---------------------- (※2-2)
    img += plt.plot(xl, psi3l, color='blue', linestyle='solid',
                            linewidth = 3.0, label='E_3')  <---------------------- (※2-3)
    ims.append( img )

# 设置图表标题
plt.title("Plane wave")
# 设置x轴标签和y轴标签
plt.xlabel("Position")
plt.ylabel("Real part of Wave fanction")
# 设置绘制范围
plt.xlim([-2.0,2.0])
plt.ylim([-1.2,1.2])
# 生成动画
ani = animation.ArtistAnimation(fig, ims, interval=10)  <------------------------------- (※2)
# 保存动画
ani.save("output.html", writer=animation.HTMLWriter())
# ani.save("test.gif", writer="imagemagick")
# ani.save("test.mp4", writer="ffmpeg", dpi=300)
# 显示图表
plt.show()
```

(※1)　指定图表外观的方法大概有两种：一种是更改整个图表共用的各种参数的方法，在这里我们就是使用这种方法来设置字体和字符大小的；另一种是单独设置的方法，我们下回再讲。

(※2)　要将多个数据绘制到一个图表中，需要对第一个生成的 img 使用“+”运算符进行合并。由于原本使用 plot 方法生成的 img 是一个列表，因此使用“+”运算符不是执行加法运算，而是将元素添加到列表的末尾。

2.2.2 平面波的快照与动画

图 2.2 是使用程序源码 2.1 创建的 $t=0$ 的快照。图中的 $\lambda_{0.25[\text{eV}]}$，$\lambda_{1.0[\text{eV}]}$，$\lambda_{4.0[\text{eV}]}$ 分别表示 E = 0.25 eV，1.0 eV，4.0 eV 所对应的波长。从中可以看到，能量越大，波长越短。

图 2.2 ● $t=0$ 的快照

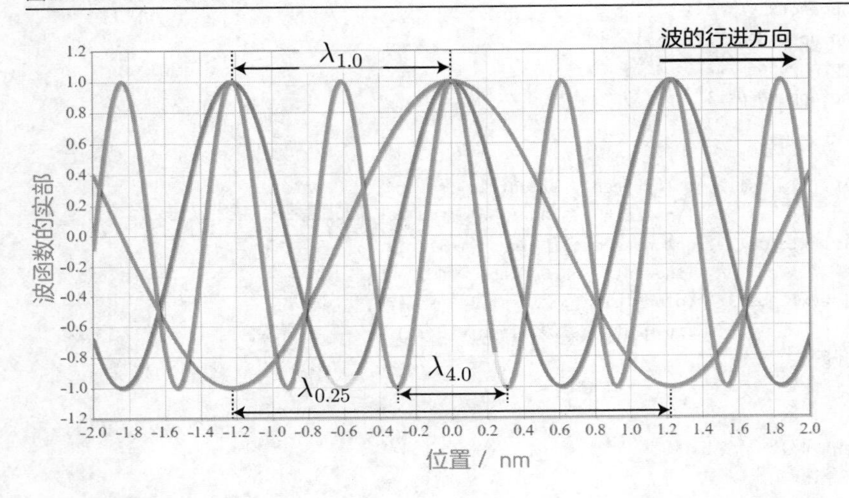

如式（2.8）所示，平面波的速度与波数成正比，因此也与能量的平方根成正比。如果将 E = 1.0 eV 作为基准的话，那么 E = 0.25 eV 的平面波的速度就会变成 1/2 倍，E = 4.0 eV 的平面波的速度就会变成 2 倍。

2.3 平面波的归一化

老夫已经强调过多次，薛定谔方程的解即波函数的绝对值的平方 $|\psi(x,t)|^2$ 表示量子在该点上存在的概率。为了保证存在概率保持不变，就必须满足式（1.10）所示的归一条件。

是的。刚刚为了解释前进的平面波，只是单纯地将系数设置为 $A=1$ 和 $B=0$。接下来，让我们对前向波施加归一条件，即

$$\psi(x,t) = Ae^{ikx-i\omega t} \tag{2.11}$$

然后对A进行严谨的计算！由于$|\psi(x,t)|^2 = |A|^2$，因此在整个空间进行积分的话，得到下式，即

$$\int_{-\infty}^{\infty} |\psi(x,t)|^2 dx = |A|^2 \int_{-\infty}^{\infty} dx = \infty$$

由于A的大小是有限的，因此变成了无穷大。但是仔细想一想就会发现，平面波是以相同振幅无限传播的，因此在每个点上的存在概率终究会变成0，这也是理所当然的。难道这说明了平面波没有满足式（1.10）的归一条件的解吗？

正是如此。由于平面波是向整个空间中传播的，因此并不存在能够满足式（1.10）的归一条件的解。故而，对于平面波的场合，我们准备了一种需要使用周期函数这一特性的特殊的归一条件。

物理定义 **平面波的归一条件**

$$\psi(x+L,t) = \psi(x,t) \tag{2.12}$$

$$\int_0^L |\psi(x,t)|^2 dx = 1 \tag{2.13}$$

式中：L是平面波的周期。式（2.12）通常被称为周期性边界条件。将其应用到平面波中，就可以根据式（2.11）和式（2.12）得到下式，即

$$e^{ikL} = 1 \rightarrow kL = 2\pi n$$

波数k会受到限制。有

$$k = \frac{2\pi n}{L} \equiv k_n \tag{2.14}$$

也就是说，可以通过固定L的方式，为波数施加限制。

此外，根据式（2.13）可以立即得出$L|A|^2 = 1$，从而获得$A = 1/\sqrt{L}$。满足式（2.12）和式（2.13）的归一条件的平面波为

$$\psi_n(x,t) = \frac{1}{\sqrt{L}} e^{ik_n x - i\omega_n t} \tag{2.15}$$

但是不要忘记，如式（2.6）所示，由于ω取决于k，因此需要添加下标n。

虽然有点偏离正题，接下来我们将用下列公式表示平面波的空间依赖部分。

$$\varphi_n(x) = \frac{1}{\sqrt{L}} e^{ik_n x}$$

来计算下面的积分，如下：

$$\langle m|n\rangle \equiv \int_0^L \varphi_m^*(x)\varphi_n(x)dx \tag{2.16}$$

在式（2.16）中，把左边的符号当作表示右边积分的符号来看。

如果式（2.16）中的$m=n$，那么就与式（2.13）相同。因此，请假设$m \neq n$，快点尝试进行计算吧！

$$\langle m|n\rangle = \frac{1}{L}\int_0^L e^{i(k_n-k_m)x}dx = \frac{1}{L}\left[\frac{e^{i(k_n-k_m)x}}{i(k_n-k_m)}\right]_0^L = \frac{e^{i(k_n-k_m)L}-1}{i(k_n-k_m)L} = 0 \tag{2.17}$$

考虑到式（2.14）的波数的限制的话，那肯定会变成 0。

正是如此。$\langle m|n\rangle$的结果会因为是$m=n$还是$m \neq n$而发生巨大的变化。有一种被称为克罗内克δ的符号就是专门用来表示这种行为的。

数学定义　克罗内克 δ 的定义

$$\delta_{mn} \equiv \begin{cases} 1 & (n=m) \\ 0 & (n \neq m) \end{cases}$$

使用这个定义，式（2.17）就可以用下式表示，即

$$\langle m|n\rangle = \delta_{mn} \tag{2.18}$$

式（2.16）的计算是表示两个函数的重叠的大小的量，被称为内积。也就是说，在式（2.18）中，相同波数（$n=m$）的函数之间的内积是 1，不同波数（$n \neq m$）的函数之间的内积是 0。另外，内积为 0 的函数之间表示为正交，使用$\varphi_n(x)$将所有不同波数组成的组则被称为正交系。此外，

当相同波数的内积都为 1 时，则被称为归一系。由于式（2.18）既是归一系又是正交系，因此特称为正交归一系，这个公式则被称为正交归一条件。虽然除了式（2.15）外，还有很多其他公式满足式（2.18）的函数形式，但是平面波是其中最为常用的。再强调一下，式（2.18）被称为正交归一条件。

此外，式（2.15）中依赖时间的平面波也被认为满足下列正交归一条件，即

$$\int_0^L \psi_m^*(x,t)\psi_n(x,t)dx = e^{-i(\omega_n-\omega_m)t}\langle m|n\rangle = \delta_{mn} \tag{2.19}$$

我已经理解了平面波属于正交归一系。但是，擅自在原本什么都没有的空间中带入一个长度为 L 的区域，除了施加归一条件之外，再为式（2.14）的波数施加限制，就有点奇怪了。

你说得对。原本的自由空间是需要考虑无限区间的，因此就需要使用某些技巧来使它符合逻辑。明天我们将对另一个不用对波数施加限制也能满足归一条件的技巧进行讲解，期待吗？

0 1 3 4 5 6 7 8 9 10 11 12 13 14

第3天

学习狄拉克 δ 函数

3.1 狄拉克 δ 函数的引入

接下来，我们将对另外一个用于对无限空间中传播的平面波进行归一处理的数学技巧进行讲解。它是一种被称为狄拉克 δ 函数的特殊函数。

数学定义 狄拉克 δ 函数的定义

$$\int_{-\infty}^{\infty} f(x)\delta(x)dx = f(0) \tag{3.1}$$

$$\int_{-\infty}^{\infty} \delta(x)dx = 1 \tag{3.2}$$

$f(x)$是 $x=0$ 的连续函数。$\delta(x)$不像普通函数那样，给定 x 就会返回值的函数，它只是一种由式（3.1）和式（3.2）定义的函数。它是一种如图 3.1 所示的近似宽度为 Δ，高度为 $1/\Delta$ 的长方形。

图 3.1 ●宽度为 Δ，高度为 1/ Δ 的长方形

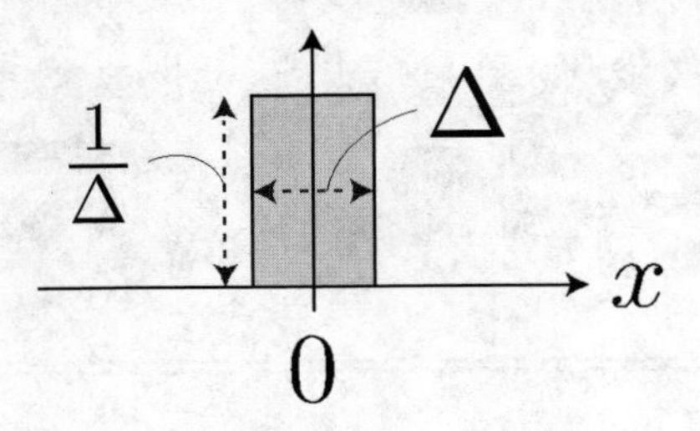

众所周知，我们一般将表示 $\Delta \to 0$ 的极限的公式作为狄拉克 δ 函数的近似表达式，即

$$\delta(x) = \lim_{\Delta \to 0} \begin{cases} 0 & \left(x < -\dfrac{\Delta}{2}\right) \\ \dfrac{1}{\Delta} & \left(-\dfrac{\Delta}{2} \leqslant x \leqslant \dfrac{\Delta}{2}\right) \\ 0 & \left(\dfrac{\Delta}{2} < x\right) \end{cases} \tag{3.3}$$

大家可以尝试验证式（3.3）是否满足式（3.1）和式（3.2）。

由于无论 Δ 的大小是多少，面积都是 1，因此，式（3.3）首先就会满足式（3.2）。那么它是否满足式（3.1）呢？

$$\begin{aligned} \int_{-\infty}^{\infty} f(x)\delta(x)dx &= \lim_{\Delta \to 0} \frac{1}{\Delta} \int_{-\Delta/2}^{\Delta/2} f(x)dx \\ &= \lim_{\Delta \to 0} \frac{1}{\Delta} \Big[F(x)\Big]_{-\Delta/2}^{\Delta/2} = \lim_{\Delta \to 0} \frac{1}{\Delta} \left(F\left(\frac{\Delta}{2}\right) - F\left(-\frac{\Delta}{2}\right)\right) \\ &= \frac{1}{2} \lim_{h \to 0} \left[\frac{F(h) - F(0)}{h} + \frac{F(0) - F(-h)}{h}\right] \\ &= \frac{1}{2}\left[f(+0) + f(-0)\right] = f(0) \end{aligned}$$

在上述推导过程中，我们将 $f(x)$ 的不定积分表示为 $F(x)$，并用 $h = \Delta/2$ 转换变量，然后引入将微分定义式（1.2）稍作扩展后得到的前向差分（$x = 0$ 和 $x = h$）与后向差分（$x = -h$ 和 $x = 0$）的微分。

$$\lim_{h \to 0} \frac{F(h) - F(0)}{h} = \left.\frac{dF(x)}{dx}\right|_{x=+0} = f(+0)$$

$$\lim_{h \to 0} \frac{F(0) - F(-h)}{h} = \left.\frac{dF(x)}{dx}\right|_{x=-0} = f(-0)$$

利用连续函数 $f(+0) = f(-0) = f(0)$ 这一特性的话，也的确能满足式（3.1）。这个公式真的很有意思呀！

是的。你的计算是正确的。另外，如果考虑式（3.3）的极限的话，可以用下列公式表示，即

$$\delta(x) = \begin{cases} \infty & (x = 0) \\ 0 & (x \neq 0) \end{cases} \tag{3.4}$$

如果考虑狄拉克 δ 函数的近似表达式的极限，大概就是这种形式的。由于狄拉克 δ 函数与那些给定参数就能确定值的普通函数的不同，因此它有一个特殊的名称——广义函数。

此外，根据式（3.1）和式（3.2）定义的狄拉克 δ 函数具有下列性质。你看你能不能给出证明过程。

（1） $\delta(-x) = \delta(x)$

（2） $\delta(ax) = \dfrac{1}{|a|}\,\delta(x)$

（3） $\displaystyle\int_{-\infty}^{\infty} f(x)\delta(x-a)dx = f(a)$

（4） $\displaystyle\int_{-\infty}^{\infty} f(x)\delta'(x)dx = -f'(0)$

式中，$\delta'(x)$ 和 $f'(x)$分别是它们的导数。

我明白了。似乎（1）~（3）可以通过转换变量的方式来证明，（4）则可以通过分部积分的方式来证明。

（1）$\rightarrow \displaystyle\int_{-\infty}^{\infty} f(x)\delta(-x)dx = \int_{-\infty}^{\infty} f(-y)\delta(y)dy = f(0)$

$$（2）\to \int_{-\infty}^{\infty} f(x)\delta(ax)dx = \int_{-\infty}^{\infty} f(ax)\delta(x)dx = f(0)$$

但是上述的公式中是假定 a 为正数的。如果 a 为负数的话，就需要考虑（1）并使 $a \to -a$。正负组合起来当作 $|a|$ 就没有问题了。

$$（3）\to \int_{-\infty}^{\infty} f(x)\delta(x-a)dx = \int_{-\infty}^{\infty} f(y+a)\delta(y)dy = f(a)$$

$$（4）\to \int_{-\infty}^{\infty} f(x)\delta'(x)dx = \Big[f(x)\delta(x)\Big]_{-\infty}^{\infty} - \int_{-\infty}^{\infty} f'(x)\delta(x)dx = -f'(0)$$

【贴士 5】赫维赛德的阶跃函数与狄拉克 δ 函数的关系

所谓赫维赛德的阶跃函数（图 3.2），就是使用下列公式定义的不连续函数。

$$H(x) = \begin{cases} 1 & (x > 0) \\ 0 & (x < 0) \end{cases}$$

图 3.2 ●赫维赛德的阶跃函数

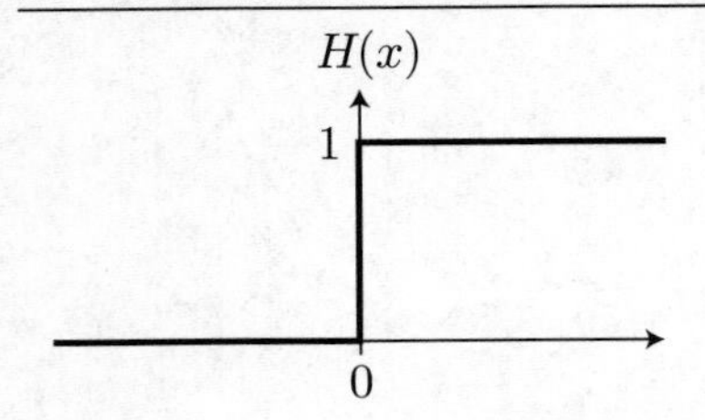

当 $x \neq 0$ 时，斜率为 0。只有在 $x = 0$ 的位置上斜率为 ∞。也就是说，这个函数的导函数 $H'(x) = dH/dx$ 是一个满足式（3.4）的狄拉克 δ 函数。也就是说，$H'(x)$ 满足狄拉克 δ 函数的定义，即

$$\int_{-\infty}^{\infty} f(x)H'(x)dx = f(0) \qquad (3.5)$$

$$\int_{-\infty}^{\infty} H'(x)dx = 1 \tag{3.6}$$

要证明它是很简单的。首先要从式（3.6）开始，光是看公式几乎就不言自明了。

$$\int_{-\infty}^{\infty} H'(x)dx = \Big[H(x)\Big]_{-\infty}^{\infty} = 1$$

接着是式（3.5），通过极限操作将积分区间置换为有限区间，就可以进行积分运算了，即

$$\begin{aligned}
\int_{-\infty}^{\infty} f(x)H'(x)dx &= \lim_{\epsilon\to\infty}\int_{-\epsilon}^{\epsilon} f(x)H'(x)dx \\
&= \lim_{\epsilon\to\infty}\left\{\Big[f(x)H(x)\Big]_{-\epsilon}^{\epsilon} - \int_{-\epsilon}^{\epsilon} f'(x)H(x)dx\right\} \\
&= \lim_{\epsilon\to\infty}\left\{f(\epsilon) - \int_{0}^{\epsilon} f'(x)dx\right\} = \lim_{\epsilon\to\infty}\left\{f(\epsilon) - \Big[f(x)\Big]_{0}^{\epsilon}\right\} \\
&= f(0)
\end{aligned}$$

你看，这个函数确实是满足狄拉克 δ 函数的定义。也就是说，我们验证了赫维赛德函数和狄拉克 δ 函数之间满足如下的关系：

$$\frac{dH(x)}{dx} = \delta(x)$$

3.2 使用狄拉克 δ 函数归一平面波

除了式（3.3）之外，$\delta(x)$ 的近似表达式还有很多种。其中，式（3.7）就是与式（3.3）同样常用的近似表达式。

$$\delta(x) = \lim_{n\to\infty}\frac{\sin(nx)}{\pi x} \tag{3.7}$$

关于证明上述公式满足 δ 函数的特性 [式（3.1）和式（3.2）] 的过程，我们先放一边（参见【贴士 6】）。实际上，使用式（3.7）可以对满足归一条件的平面波进行定义。为了方便计算，我们准备了两个平面波，即

$$\varphi_1(x) = A_1 e^{ik_1 x}, \quad \varphi_2(x) = A_2 e^{ik_2 x}$$

来考虑下列积分，于是有

$$\langle k_1|k_2\rangle \equiv \int_{-\infty}^{\infty} \varphi_1^*(x)\varphi_2(x)dx \tag{3.8}$$

虽然左边的符号与式（2.16）定义的函数之间的内积相同，但这次的差异在于波数k_1和k_2是连续值。请尝试代入式（3.8）计算这个积分。此外，如果积分区间是无穷大的话，平面波就会立即发散，即

$$\int_{-\infty}^{\infty} dx = \lim_{L\to\infty}\int_{-L}^{L} dx$$

因此，需要在将积分区间设为有限后再进行具体的计算。

我明白了。因为它是有限区间的指数函数的积分，所以就会很简单，是这样吧?

$$\begin{aligned}
\langle k_1|k_2\rangle &= A_1^* A_2 \int_{-\infty}^{\infty} e^{i(k_2-k_1)x}dx = A_1^* A_2 \lim_{L\to\infty}\int_{-L}^{L} e^{i(k_2-k_1)x}dx \\
&= A_1^* A_2 \lim_{L\to\infty}\left[\frac{e^{i(k_2-k_1)x}}{i(k_2-k_1)}\right]_{-L}^{L} = A_1^* A_2 \lim_{L\to\infty}\frac{e^{i(k_2-k_1)L}-e^{-i(k_2-k_1)L}}{i(k_2-k_1)} \\
&= A_1^* A_2 \lim_{L\to\infty}\frac{2i\sin\left[(k_2-k_1)L\right]}{i(k_2-k_1)} = 2\pi A_1^* A_2 \lim_{L\to\infty}\frac{\sin(L(k_2-k_1))}{\pi(k_2-k_1)} \\
&= 2\pi A_1^* A_2\,\delta(k_2-k_1)
\end{aligned} \tag{3.9}$$

原来如此。我明白为什么仙人会将式（3.7）作为狄拉克 δ 函数的近似表达式来讲解了。原来具有不同波数的两个平面波的内积就是使用式（3.7）表示的 δ 函数呀！那么这与平面波的归一条件有什么关系呢?

将无限传播的平面波的正交归一条件对应式（2.18），就可以进行如下的定义。

物理公式 **无限传播的平面波的正交归一条件**

$$\langle k_1|k_2\rangle = \int_{-\infty}^{\infty} \varphi_1^*(x)\varphi_2(x)dx = \delta(k_1-k_2)$$

然后，考虑当$k_1 = k_2$时，与式（3.9）进行比较，根据平面波的系数$A_1 = A_2 = A$就可以得到$A = 1/\sqrt{2\pi}$。也就是说，波数k为连续值的平面波可以用下列表达式来表示，即

$$\varphi(x) = \frac{1}{\sqrt{2\pi}} e^{ikx}$$

那么这一平面波的归一条件则如下所示。

物理定义 无限传播的平面波的归一条件

$$\int_{-\infty}^{\infty} |\psi(x,t)|^2 dx = \int_{-\infty}^{\infty} |\varphi(x)|^2 dx = \delta(0) \tag{3.10}$$

由于原本无限传播的平面波无法满足一般的归一条件表达式［式（1.10）］，因此，需要引入使用了数学技巧的归一条件。

原来如此。不过，如果使用式（3.10）定义归一条件，那么系数绝对值的平方$1/2\pi$似乎就不是表示电子的存在概率了。

【贴士 6】证明式（3.7）是狄拉克 δ 函数的近似表达式

为了确认在取式（3.7）的极限之前，函数所呈现的形状如下：

$$\delta_n = \frac{\sin(nx)}{\pi x} \tag{3.11}$$

让我们先用图表展示使用上述公式定义的函数的n从 1 ~ 5 的变化过程。从图 3.3 中我们可以看到，随着n逐渐变大，$x = 0$的波峰也会不断变高。这个波峰的高度是n/π，这个值可以使用nx通过泰勒展开（【贴士 7】）对$\sin(nx)$进行求解得到。然后我们也可以看到，随着n逐渐变大，波数（频率）也会不断变大。这种振荡是由$\sin(nx)$引起的，因此，这也说明了波数（【贴士 3】）就是n。

图 3.3 ●式（3.11）的图表

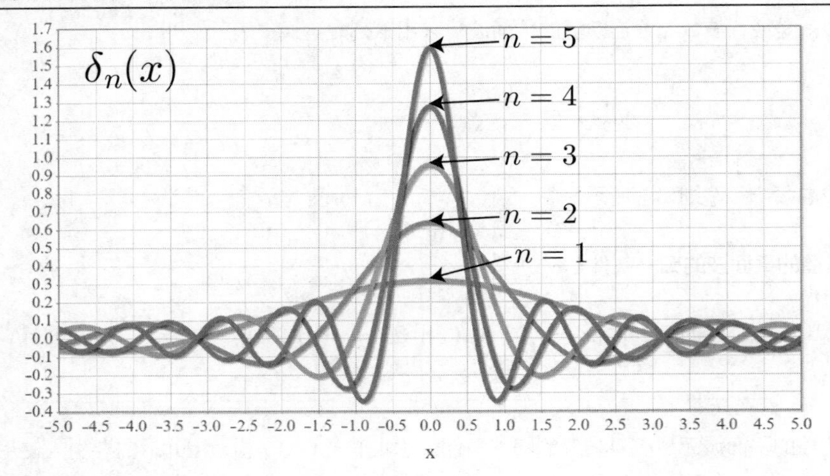

综上所述，接下来我们将证明式（3.7）是狄拉克 δ 函数的近似表达式。首先，将式（3.7）代入式（3.2）后得到的下列公式，即

$$\lim_{n\to\infty}\int_{-\infty}^{\infty}\frac{\sin(nx)}{\pi x}\mathrm{d}x=1 \tag{3.12}$$

由于这个积分是初等函数，乍一看好像很简单，但是我们不仅需要考虑对实数进行积分，还需要对包含虚数的复数空间进行积分。这种数学方法被称为复积分。为了对式（3.12）进行说明，首先我们将对下面的复积分进行讲解，即

$$I=\int_C\frac{e^{iz}}{z}\,dz \tag{3.13}$$

式中：z 是复数；C 是表示积分路径的符号。由于被积函数在 $z=0$ 处发散，因此，需要像图 3.3 那样，以排除 $z=0$ 的方式设定积分路径。图 3.4 中的横轴是实部，纵轴是虚部，也就是复数空间。积分路径 C_R 和 C_r 分别是以原点为中心的半径为 R 和 r 的半圆，I_1 和 I_2 则表示实轴上的积分路径。如果像这样在被封闭路径包围的区域中被积函数不存在发散的点，那么无论是哪一种函数，在使用环绕一圈的路径所得到的积分值都会变成 0。也就是说，可以将式（3.13）转换成下列形式，即

$$I=\int_{C_R}\frac{e^{iz}}{z}\,dz+\int_{C_r}\frac{e^{iz}}{z}\,dz+\int_{I_1}\frac{e^{iz}}{z}\,dz+\int_{I_2}\frac{e^{iz}}{z}\,dz=0 \tag{3.14}$$

适用于在区域内没有发散点的任何复函数 $f(z)$ 的这个定理，被称为柯西定理。接下来，我们将对上述各项进行实际的计算。

图 3.4 ●复积分的积分路径

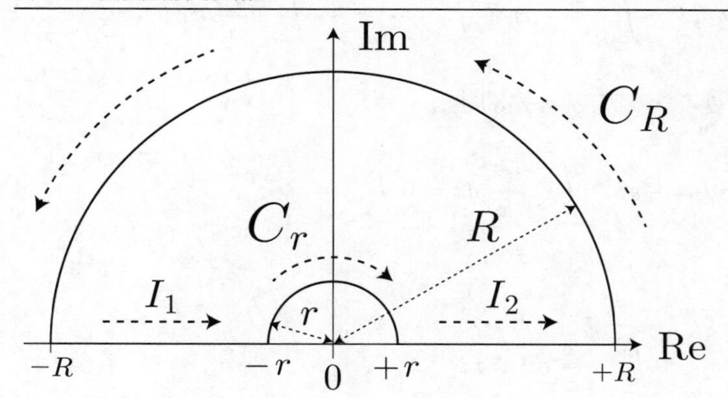

首先是第一项。由于半径为 R 的半圆是积分路径，则通过 $z=Re^{i\theta}$ 的变量转换，就可以得到下列公式，即

$$\int_{C_R}\frac{e^{iz}}{z}\,dz=\int_0^{\pi}\frac{e^{iRe^{i\theta}}}{Re^{i\theta}}\,iRe^{i\theta}d\theta=i\int_0^{\pi}e^{-R\sin\theta+iR\cos\theta}d\theta$$

然后，考虑 $R\to\infty$ 的极限，就可以得到下列积分结果，即

$$\lim_{R\to\infty}\int_{C_R}\frac{e^{iz}}{z}\,dz=0$$

其次是第二项。由于第二项半径为 r 的半圆也是积分路径，因此，用 $z=re^{i\theta}$ 进行变量转换，就可以得到下列公式，即

$$\int_{C_r}\frac{e^{iz}}{z}\,dz=\int_{\pi}^{0}\frac{e^{ire^{i\theta}}}{re^{i\theta}}\,ire^{i\theta}d\theta=i\int_{\pi}^{0}e^{-r\sin\theta+ir\cos\theta}d\theta$$

然后，考虑 $r\to 0$ 的极限，就可以得到下列积分结果，它是一个有限的值，即

$$\lim_{r\to 0}\int_{C_r}=i\int_{\pi}^{0}d\theta=-i\pi$$

由于第三项和第四项是实轴上的积分，因此，可以表示为 $z=x$。再考虑 $r\to 0$，$R\to\infty$ 的话，就可以得到下列公式，即

$$\int_{I_1}\frac{e^{iz}}{z}\,dz+\int_{I_2}\frac{e^{iz}}{z}\,dz=\int_{-R}^{-r}\frac{e^{ix}}{x}\,dx+\int_{r}^{R}\frac{e^{ix}}{x}\,dx\to\int_{-\infty}^{\infty}\frac{e^{ix}}{x}\,dx$$

将上述结果代入式（3.14），就可以得到下列公式，即

$$I=-\pi i+\int_{-\infty}^{\infty}\frac{e^{ix}}{x}\,dx=0$$

然后进一步得到下列结果：

$$\int_{-\infty}^{\infty}\frac{e^{ix}}{x}\,dx=\pi i \tag{3.15}$$

如果顺便转换变量 $x\to -x$，就会变成如下形式，即

$$\int_{-\infty}^{\infty}\frac{e^{-ix}}{x}\,dx=-\pi i \tag{3.16}$$

因此，考虑欧拉公式 $e^{ix}=\cos x+i\sin x$，将式（3.15）和式（3.16）的两边相减，就会看到 sin 函数的出现，即

$$\int_{-\infty}^{\infty}\frac{\sin x}{x}\,dx=\frac{1}{2i}\int_{-\infty}^{\infty}\frac{e^{ix}-e^{-ix}}{x}\,dx=\pi$$

最后，转换变量 $x\to nx$，就能够证明对于任意的 n，下列公式都是成立的，即

$$\int_{-\infty}^{\infty}\frac{\sin(nx)}{\pi x}\,dx=1 \tag{3.17}$$

接下来是关于狄拉克 δ 函数的定义式（3.1）。如图 3.2 所示，由于式（3.11）会因 $n\to\infty$ 产生的正负值而发生剧烈的振荡，因此不再对积分有贡献。同时，可以认为只有在 $x=0$ 处的无限高的峰值才会对积分有贡献。也就是说，该公式实质上会变得与式（3.4）相同。如式（3.17）所示，面积会变成 1，因此，可以说它是满足式（3.1）的。

第4天

计算电子波包的运动

4.1 电子波包的制作方法

大家是否已经对薛定谔方程最基本的解，也就是平面波所具有的性质有了一定的了解呢？这个简单的平面波之所以会如此重要，是因为将不同波数的任意平面波叠加的波函数满足原始薛定谔方程的叠加原理这一说法是成立的。这个原理可以用具体的公式表示。使用任意的权重 $a(k)$ 叠加的波函数可以用下列公式表示，即

$$\psi(x,t)=\int_{-\infty}^{\infty}a(k)\varphi_k(x)e^{-i\omega(k)t}dk=\int_{-\infty}^{\infty}a(k)e^{ikx-i\omega(k)t}dk \tag{4.1}$$

这个公式同样也是薛定谔方程的解。叠加原理适用于薛定谔方程这样的线性微分方程的所有解的一般性质。我们可以根据这个原理对各种运动进行分析。

接下来，我们将式（4.1）代入式（1.9）后得到式（4.2），确认叠加原理是否成立吧！

$$\int_{-\infty}^{\infty}a(k)\hbar\omega\, e^{ikx-i\omega(k)t}dk=\int_{-\infty}^{\infty}a(k)\frac{\hbar^2k^2}{2m}\, e^{ikx-i\omega(k)t}dk$$

$$\int_{-\infty}^{\infty}a(k)\left[\hbar\omega(k)-\frac{\hbar^2k^2}{2m}\right]e^{ikx-i\omega(k)t}dk=0 \tag{4.2}$$

为了使式（4.2）在所有位置和时间都成立，括号内的值就必须是 0，即

$$\hbar\omega(k) = \frac{\hbar^2 k^2}{2m} \equiv E$$

因此，上述公式与式（2.4）和式（2.6）是匹配的。无论叠加的权重 $a(k)$ 的大小如何，都满足色散关系。

你观察得很细致。我们也可以利用 $a(k)$ 可以是任何形态的分布这一点，来创建一个波的集合，也就是波包（Packet）。最为常用的做法是指定给 $a(k)$ 一个被称为高斯分布的分布，即

$$a(k) = a_0\, e^{-\left(\frac{k-k_0}{2\sigma}\right)^2} \tag{4.3}$$

如图 4.1 所示，在高斯分布中，当 k 为 k_0 时是波峰。其中，a_0 是波峰的高度，σ 是表示分布宽度的参数。

图 4.1 ●高斯分布

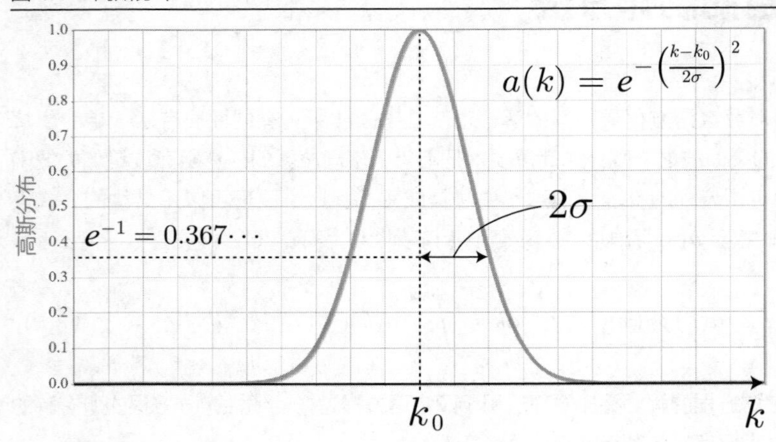

接下来，将式（4.3）代入式（4.1）中，尝试使用计算机对波包的空间分布进行实际的计算。暂且假设时间为 $t = 0$ s，波包的中心能量为 $E_0 = 10.0$ eV，$\sigma = \sqrt{\log 2} \times 10^9$ rad/m，尝试画出实部、虚部和绝对值吧！

我知道了。哎呀，没想到居然成功了！以 $x = 0$ 为中心的绝对值竟然变成了像高斯分布那样的波函数（图 4.2），好有趣！

图 4.2 ●当波数分布为高斯分布时，波函数的空间分布

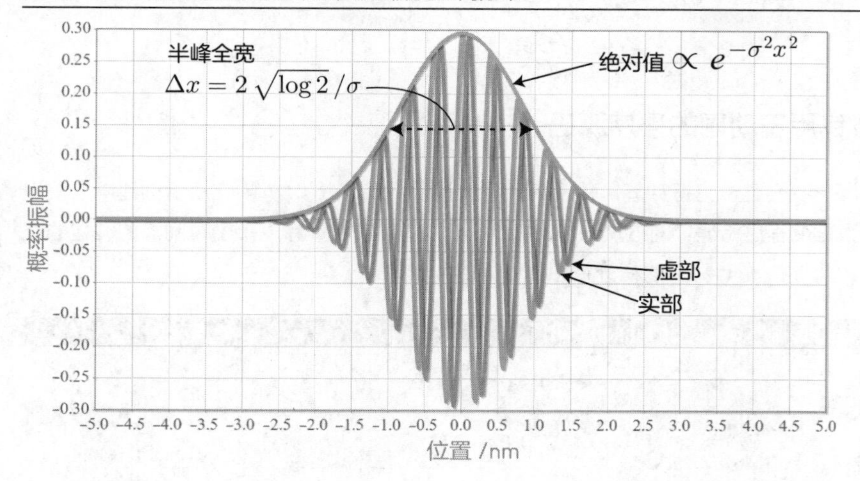

看来进展很顺利。如果波数分布是高斯分布，那么波函数的空间分布也是高斯分布。这种波函数的空间分布被称为高斯波包。此外，波函数的绝对值是 $|\varphi(x)| \propto \exp(-\sigma^2 x^2)$，计算方法我们将在后面进行讲解。基于这种关系，波峰高度的一半宽度被称为半峰全宽，可以用下列公式来表示，即

$$\Delta x = \frac{2\sqrt{\log 2}}{\sigma} \tag{4.4}$$

由于它与确定高斯分布的宽度的 σ 成反比，因此，存在一种当波数分布的宽度变宽，波函数的空间分布的宽度就会变窄的关系。

式（4.4）确实可以通过 $-\sigma^2(\Delta x/2)^2 = -\log 2$ 求解。看来事先就已经考虑过之前给定的 σ 的值会使波包的半峰全宽刚好为 2 nm。不过，由于越是将波包限制在小空间，越需要更宽的波数分布（能量分布），因此，波数分布与实际空间分布之间是保持平衡的。

4.2 高斯波包的运动仿真

接下来，我们将使用数值计算高斯波包随着时间发生的变化。可能大家已经注意到，为式（4.1）的时间 t 赋值，就可以计算出每个时间点的空间分布状态。请尝试在

$t=-50\times10^{-16}$ s 到 $t=50\times10^{-16}$ s 的范围内，以 1×10^{-16} s 为间隔改变时间，对波函数的空间分布进行计算。

4.2.1 电子波包用于动画的程序源码（Python）

我知道了。我会尝试进行计算。接下来，我将展示使用式（4.1）创建用于创建电子波包动画的数据的程序源码。对区间 −20 ~ 20 nm 的空间领域，计算每个时间点的波包的空间分布。此外，式（4.1）的积分将用 200 项的和代替。

程序源码 4.1 ●电子波包的动画（pulse_animation.py）

```
（省略：导入相关） < --------------------------------------------------------------- （2.2节）
（省略：物理常量） < --------------------------------------------------------------- （2.2节）
# 添加的导入代码
import cmath  < -------------------------------------------------------------------- （※1）

# 复数
I=0.0+1.0j  < ---------------------------------------------------------------------- （※2）

########################################
#    物理量相关设置
########################################
# 空间分割数量
NX = 500
# 空间分割大小
dx = 1.0 * 10**-9
# 计算区间
x_min = -10.0 * dx
x_max = 10.0 * dx
# 叠加的数量
NK = 200  < ------------------------------------------------------------------------ （※3）
# 脉冲宽度
delta_x = 2.0 * 10**-9  < --------------------------------------------------------- （※4-1）
sigma = 2.0 * math.sqrt(math.log(2.0)) / delta_x  < ------------------------------- （※4-2）
# 波数的间隔
dk = 20.0 / (delta_x * NK)  < ------------------------------------------------------ （※5）
# 波包的中心能量
E0 = 10.0 * eV  < ------------------------------------------------------------------ （※6）
# 波包的中心
k0 = math.sqrt( 2.0 * me * E0 / hbar**2)  <--------------------------------------- 式（2.1）
omega0 = hbar / (2.0*me) * k0**2  < ----------------------------------------------- 式（2.6）
# 计算时间的宽度
ts = -50
te =  50
```

```
# 时间间隔
dt = 1.0 * 10**-16

# 用于制作动画
ims=[]

### 计算波包的空间分布
for tn in range(ts,te):
    # 实际时间的获取
    t_real = dt*tn
    # 用于保存数据
    xl = []
    Psi_real = []
    Psi_imag = []
    Psi_abs = []
    for nx in range(NX):
    # 获取空间地点的坐标
    x = x_min + (x_max - x_min) * nx / NX
    # 波函数的值的初始化
    Psi = 0.0 + 0.0j
    # 将每个波数的贡献相加
    for kn in range(NK):
            # 获取每个波数
            k = k0 + dk * (kn - NK/2)
            # 根据波数获取每个频率
            omega = hbar / (2.0 * me) * k**2  < -------------------------------------- 式(2.6)
            # 平面波相加
            Psi += cmath.exp(I * (k * x - omega * t_real)) * cmath.exp(
                                -((k - k0) / (2.0 * sigma))**2 )  < ------------------ 式(4.1)

            # 进行归一处理，使波函数的值不依赖于NK,sigma的值
            Psi = Psi * dk * dx /10.0

            # 显示计算结果
            # print(f"x/dx:{x/dx}\nPsi_real:{Psi.real}\n
                                            └ Psi_imag:{Psi.imag}\nPsi_abs={abs(Psi)}")

            # 生成用于绘图的数据
            xl.append(x/dx)
            Psi_real.append(Psi.real)
            Psi_imag.append(Psi.imag)
            Psi_abs.append(abs(Psi))

    # 绘制每一帧
    img  = plt.plot(xl,Psi_real, 'red')
    img += plt.plot(xl,Psi_imag, 'green')
```

```
    img += plt.plot(xl,Psi_abs,  'blue')
    time = plt.text(0.9, 1.03, 't={:.2e}'.format(t_real),
                    transform=plt.gca().transAxes, ha='center', va='center')
    # 将文本添加到图表中
    img.append(time)
    # 添加到动画中
    ims.append(img)

# 用于创建动画
kl=[]
a_kl=[]

### 波数分布的输出
for kn in range(NK):
    k = k0 + dk * (kn-NK/2)
    a_k = math.exp(-((k-k0) / (2.0 * sigma))**2)  <------------------------------------ 式（4.3）
    kl.append( k / dk)
    a_kl.append( a_k )

### 绘制图表
plt.title("Gaussian wave packet(Spatial distribution)")
plt.xlabel("Position[nm]", fontsize = 16)  <------------------------------------------ （※7-1）
plt.ylabel("Probability amplitude", fontsize = 16)  <-------------------------------- （※7-2）
# 设置绘制范围
plt.xlim([-10.0,10.0])
plt.ylim([-0.3,0.3])
# 动画的生成
ani = animation.ArtistAnimation(fig1, ims, interval=50)
# 动画的保存
ani.save("output.html", writer=animation.HTMLWriter())

# 整个图表
fig2=plt.figure(figsize=(5, 5))  <--------------------------------------------------- （※8）
### 图表绘制
plt.title("Gaussian wave packet(Wave number distribution)")
plt.xlabel("Wave number", fontsize = 16)  <------------------------------------------ （※7-3）
plt.ylabel("distribushon", fontsize = 16)  <----------------------------------------- （※7-4）
plt.plot(kl,a_kl)

# 布局的调整
plt.tight_layout()
# 图表的显示
plt.show()
```

（※1）　导入需要将复数作为参数的函数时所需的模块。

（※2） Python 语言本身就提供了处理复数的功能。定义一个纯虚数 i。

（※3） 这是一个用和代替式（4.1）的积分的项数。当这个值很小时，就不会出现高斯波包，而会表现出周期性。因此，即使将它设置为较大的值，在外观上也不会有太大区别。

（※4） 将波函数的实际空间中的半峰全宽赋予 delta_x，计算与之相对应的波数分布的宽度，再将结果带入 sigma。

（※5） 虽然式（4.1）的积分范围是从 $-\infty$ ~ ∞，但是由于 $a(k)$ 仅在 k_0 附近才具有值，因此，在该范围内是没有问题的。虽然在这里我们实际使用和来代替积分，但是当前的 k 的步长是 dk。通过准确地给出这个值的方式，不仅可以覆盖高斯分布，还可以针对叠加项数的增加和减少，保持 k 的范围不变。

（※6） 如果改变波包的中心能量，运动的状态就会发生变化。可以试试看。

（※7） 在 2.2 节中，我们将整体通用的字体大小设置为 12px。在这里，我们只单独设置 x 轴和 y 轴标签的字体大小。

（※8） 每次调用 figure 方法，都会生成一个绘制图表的窗口。由于这次需要绘制一个动画和一个高斯分布，因此生成了两个窗口，如图 4.3 所示。

图 4.3 ●显示两个窗口的画面

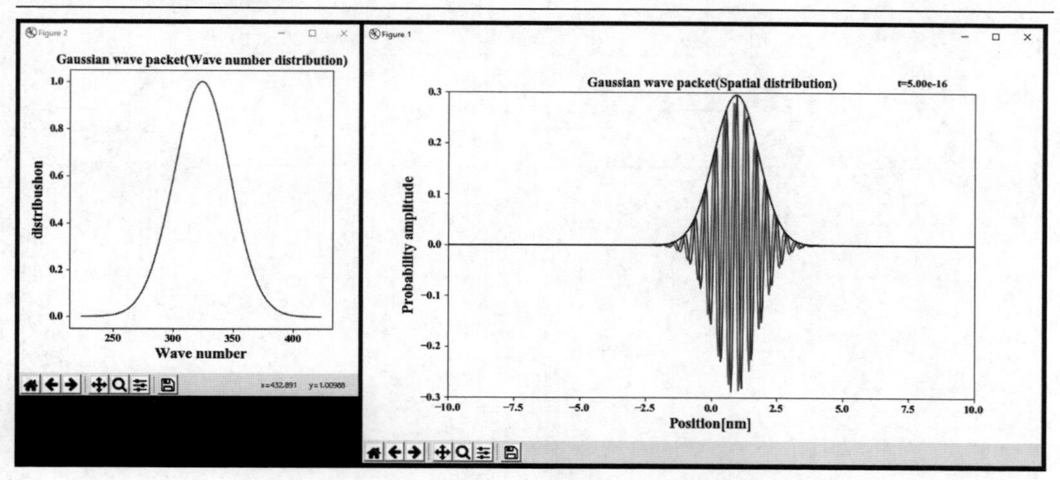

4.2.2 电子波包的快照与动画

图 4.4 中展示的是时间 $t=-50\times10^{-16}$ s、-25×10^{-16} s、0×10^{-16} s、25×10^{-16} s、50×10^{-16} s 的快照和波数分布的图表。我们可以看到波包是如何向正方向移动的。由于波包以 100×10^{-16} s 的速度前进了约 19 nm，因此速度是 $v=19\times10^{-9}/100\times10^{-16}$ $=1.9\times10^{6}$ m/s。这个速度会不会与中心能量 k_0 的式（2.8）的相位速度一致呢？代入其中，就会

得到$v = 1.525 \times 10^{16} / 1.620 \times 10^{10} = 0.941 \times 10^{6}$ m/s 的结果。实际的速度居然是相位速度的两倍！为什么会有这样的区别呢？还是去问问仙人吧！

此外，在最后的图表中，虽然横轴是波数，纵轴是波数分布，但是程序源码 4.1（※3）中的 NK 的值却被调整为覆盖整个高斯分布。如果增加 NK 的值，横轴的波数范围就会扩大。相反，如果减少 NK 的值，横轴的波数范围就会缩小。给的值越精确，计算精度就会越高。

图 4.4 ●每个时间点的波函数的快照与波数分布

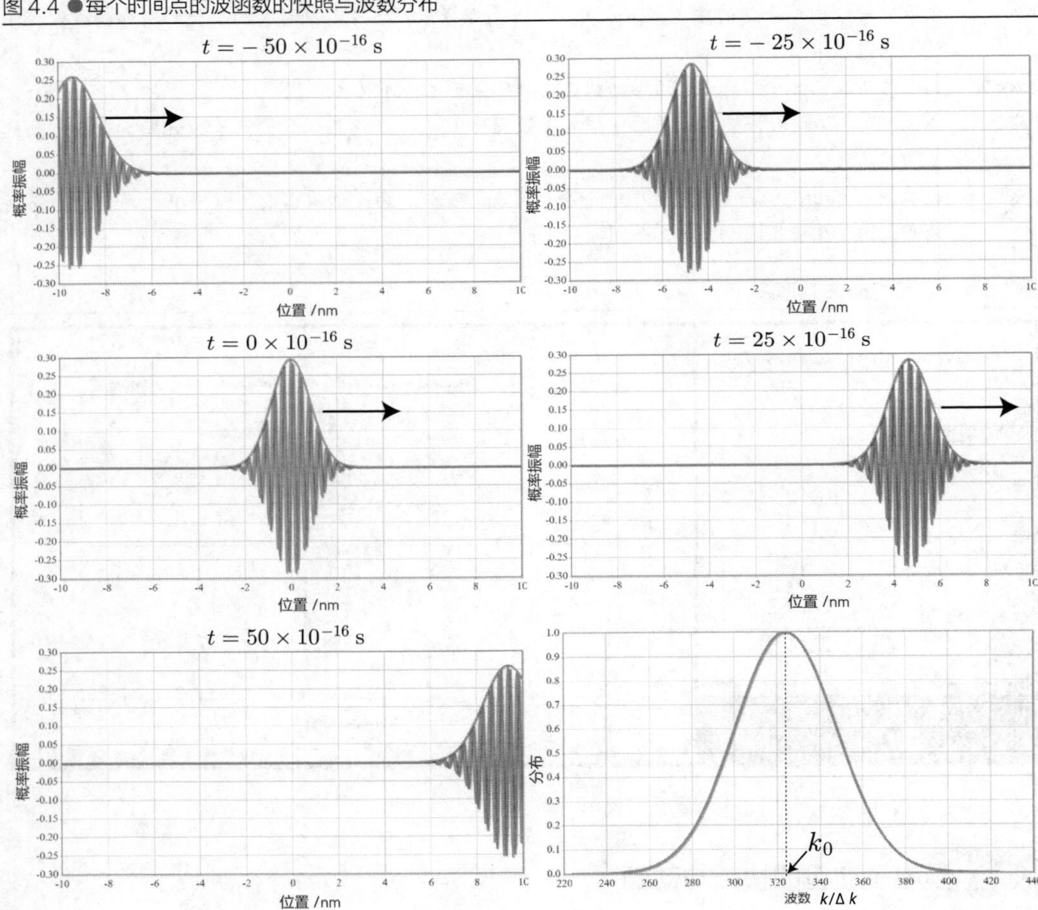

动画准备了 $E_0 = 10$ eV 和 $E_0 = 0$ eV。查看后者就会知道波包会随着时间的推移而扩散。这是为什么呢？也问问仙人吧！

4.3 波包速度（群速度）的推导

仙人！我已经创建好了高斯波包的动画。看了计算的结果之后，我有两个疑问。一个是我以为波包的速度会和中心能量 k_0 的式（2.8）的相位速度相同，但是实际上它是相位速度的两倍。另一个是波包会随着时间不断扩散。

老夫正是想让你自己发现这些问题呢！首先，第一个问题，不局限于高斯波包，在任何波包分布 $a(k)$和任意的色散关系 [$\omega(k)$ 的 k 依赖性] 都成立的这种性质，我们将通过式（4.1）推导出结果后给出答案。

接下来，我们将假设波数分布 $a(k)$ 只在中心波数 k_0 的附近才具有值，对$k = k_0 + k'$ 与式（4.1）的积分进行变量转换处理。

$$\psi(x,t) = \int_{-\infty}^{\infty} a(k_0 + k')e^{i(k_0+k')x - i\omega t}dk' \tag{4.5}$$

$\omega(k)$ 也对应变量转换，在 k_0 的周围进行泰勒展开【贴士 7】的计算。

$$\omega(k) = \omega(k_0) + \left.\frac{d\omega(k)}{dk}\right|_{k=k_0}(k-k_0) + \frac{1}{2}\left.\frac{d^2\omega(k)}{dk^2}\right|_{k=k_0}(k-k_0)^2 + \cdots \tag{4.6}$$

如果假设 k 只在 k_0附近，那么式（4.6）就只需要展开$k = k_0 + k'$ 的一阶即可。因此，可以将其表示为$d\omega(k)/dk|_{k=k_0} = \omega'(k_0)$ 并将其代入式（4.5）中。此时，与积分变量无关的因子将会排除在积分之外，即

$$\psi(x,t) = e^{ik_0x - i\omega(k_0)t}\int_{-\infty}^{\infty} a(k_0 + k')e^{i[x-\omega'(k_0)t]k'}dk' \tag{4.7}$$

积分之外的因子就是与中心波数 k_0 相对的平面波本身。此外，查看被积函数的指数的相位部分，就可以看到同一相位的点是 $x - \omega'(k_0)t = \mathrm{Const.}$，因此，指定 $\omega'(k_0) = v_g$时，就可以得到下列公式，即

$$x(t) = v_g\, t$$

也就是说，被积函数会随着时间和速度 v_g 不断移动。由于式（4.7）的积分结果取决于位置 x 和时间 t，因此可以用 $A(x - v_gt)$ 表示。故而，波函数就会变成下列形式：

$$\psi(x,t)=e^{ik_0x-i\omega(k_0)t}A(x-v_gt)$$

也就是说，对于任何波数分布，波函数是：中心波数的平面波 × 以速度 v_g 移动的波数分布。到目前为止，波函数的空间分布也是这种形式。这个 v_g 表示波包的移动速度，被称为群速度。

物理定义 **群速度**

$$v_g=\frac{d\omega(k)}{dk}$$

群速度是因色散关系而异的，如果是式（2.6）所示的自由空间中的电子，群速度就可以用下列公式表示：

$$v_g=\frac{\hbar k}{m}$$

刚好是式（2.8）中相位速度的两倍。怎么样，是不是回答了你的第一个问题呢？

原来如此，我理解了。群速度不依赖于波数分布这一点非常有趣。可以使用任何色散关系计算群速度也是很厉害的样子。至于第二个问题，我好像也想通了。是不是因为构成波包的平面波具有不同的相速度的缘故呢？如果相速度不同，那么构成波包的平面波的相位就会随着时间推移而发生偏移，结果就会导致波包扩散。

正是如此。这个论点的成立不仅限于量子力学。相反，如果 $v_p=v_g$，波包就会继续移动而永不扩散。可以说明这个现象的一个具体示例就是电磁波。众所周知，电磁波的色散关系可以将 c 作为光速，并用下列公式表示：

$$\omega=ck$$

由于 ω 与 k 成正比，因此群速度和相速度都是光速 c。这同样意味着无论频率如何，电磁波都会用光速移动。

【贴士 7】泰勒展开式

泰勒展开式是指对于任何函数 $f(x)$，都可以用以 $x=x_0$ 为中心，$x-x_0$ 的幂函数表示。特别是在需要检查 $f(x)$ 的 $x=x_0$ 附近的行为时，这种公式发挥着重要的作用。将

$f(x)$的$x = x_0$中的n阶的导函数用$f^{(n)}(x_0)$表示时，泰勒展开式就是如下所示的形式。

数学定义 $t = t\_0$ 中的 $f(t)$ 的泰勒展开式

$$f(x) = f(x_0) + f'(x_0)(x - x_0) + \frac{1}{2}f''(x_0)(x - x_0)^2 + \frac{1}{6}f'''(x_0)(x - x_0)^3 + \cdots$$
$$= \sum_{n=0}^{\infty} \frac{f^{(n)}(x_0)}{n!}(x - x_0)^n \quad (4.8)$$

式中：$n!$是阶乘[$= n(n-1)(n-2)\cdots 2\times 1$]。式（4.8）意味着"任何$f(x)$都可以用($x - x_0$)的0次、1次、2次、3次、…、无穷次的幂的和来表示"。

泰勒展开式的展开系数的推导

接下来我们将证明在$t = x_0$周围，对任何函数$f(x)$进行展开的系数都会变成$f^{(n)}(x_0)/n!$假设。函数$f(x)$可以用式（4.9）和$(x - x_0)$的幂表示，即

$$f(x) = a_0 + a_1(x - x_0) + a_2(x - x_0)^2 + a_3(x - x_0)^3 + \cdots \quad (4.9)$$

使用x对两边进行n次微分计算。由于所有小于$(t - t_0)$的第n次的项都消失了，因此就会变成下列形式：

$$f^{(n)}(x) = n!\,a_n + \frac{(n+1)!}{1}a_{n+1}(x - x_0) + \frac{(n+2)!}{2}a_{n+2}(x - x_0)^2 + \cdots$$

将$x = x_0$代入式（4.9）之后，由于$(x - x_0) = 0$，因此，只会留下第一项，变成如下形式：

$$f^{(n)}(x_0) = n!\,a_n$$

根据这个公式确定a_n之后，就会发现它与式（4.8）的系数是一致的。

补充讲解：高斯波包的解析解

在第4天，老夫让大家对波数分布[$a(k)$]用高斯分布来表示的高斯波包进行了数值计算。这个高斯波包的运动也可以通过解析的方式进行计算。接下来我们将展示这个计算过程。此外，根据薛定谔方程推导出的色散关系[ω和k的关系，见式（2.6）]与k的平方成正比，这里我们将使用更为通用的公式表示色散关系，即

$$\omega(k) = \alpha|k| + \beta k^2 \tag{4.10}$$

如果是薛定谔方程，就是对应$\alpha = 0, \beta = \hbar/2m$。如果是麦克斯韦方程组，则对应 $\alpha = c, \beta = 0$。将式（4.10）代入式（4.1），使用 k 对指数部分进行整理，得到式（4.11），即

$$\psi(x,t) = a_0 \exp\left[-\frac{k_0^2}{4\sigma^2}\right] \int_{-\infty}^{\infty} dk \exp\left[-\left(\frac{1}{4\sigma^2} + i\beta t\right) k^2 + \left(\frac{k_0}{2\sigma^2} + i(x - x_0) - i\alpha t\right) k\right] \tag{4.11}$$

对k进行积分运算，就可以得到实际空间中的波函数。众所周知，这种积分被称为高斯积分，即

$$\int_{-\infty}^{\infty} e^{-ax^2} dx = \sqrt{\frac{\pi}{a}} \tag{4.12}$$

完成式（4.11）指数部分的平方运算，运用这个公式，就可以得到下列积分结果：

$$\psi(x,t) = \frac{2\sigma a_0}{\sqrt{1 + i4\sigma^2\beta t}} \exp\left[-\frac{k_0^2}{4\sigma^2}\right] \exp\left[-\frac{\sigma^2}{1 + i4\sigma^2\beta t}(x - x_0 - \alpha t - i\frac{k_0}{2\sigma^2})^2\right] \tag{4.13}$$

为了得到高斯波包的波峰位置和脉冲宽度，对绝对值的平方进行计算之后，就可以得到下列公式，即

$$|\psi(x,t)|^2 = \frac{4\sigma^2|a_0|^2}{\sqrt{1 + 16\sigma^4\beta^2t^2}} \exp\left[-\frac{2\sigma^2}{1 + 16\sigma^4\beta^2t^2}(x - x_0 - \alpha t - 2\beta k_0 t)^2\right] \tag{4.14}$$

这样一来，我们就可以计算高斯波包的波峰位置 x_{peak}、波峰高度 h_{peak} 和脉冲宽度$\omega(t)$了。波峰位置由指数函数为 0 的条件确定，波峰高度由系数定义，脉冲宽度定义为波峰的e^{-1} 的高度处的宽度，就可以得到下列结果。

$$\begin{aligned} x_{\text{peak}}(t) &= x_0 + (\alpha + 2\beta k_0)t \\ h_{\text{peak}}(t) &= \frac{|\psi(x,t)|^2}{|\psi(x,0)|^2} = \frac{1}{\sqrt{1 + 16\sigma^4\beta^2t^2}} \simeq \frac{1}{4\sigma^2\beta t} \\ \omega(t) &= 1 + 16\sigma^4\beta^2t^2 \end{aligned} \tag{4.15}$$

从上面的结果可以看出，高斯波包会随着时间的推移在传播的同时不断运动。波峰的速度分别与 α 和 $2\beta k_0$ 成正比，这与群速度是一致的。

第5天

计算势阱中电子的运动

5.1 无限深势阱的本征态

经过昨天的讲解，相信大家已经理解了自由空间中电子的运动了吧？从今天开始，我们要对一种被称为量子阱的势能在空间上只有一部分较低的区域内抛入电子时的状态进行说明。虽然量子阱中电子的状态会随着阱的宽度和深度的不同而发生变化，但是如图 5.1 所示，特别是当势能的深度被看作无穷大时，由于从数学角度很容易对其进行计算，因此在量子力学中也将其作为最基本的问题来看待。此外，这次将要讲解的量子计算机是将这种量子阱的电子态作为量子比特的实体来使用的。

图 5.1 ●无限深量子阱的模式图

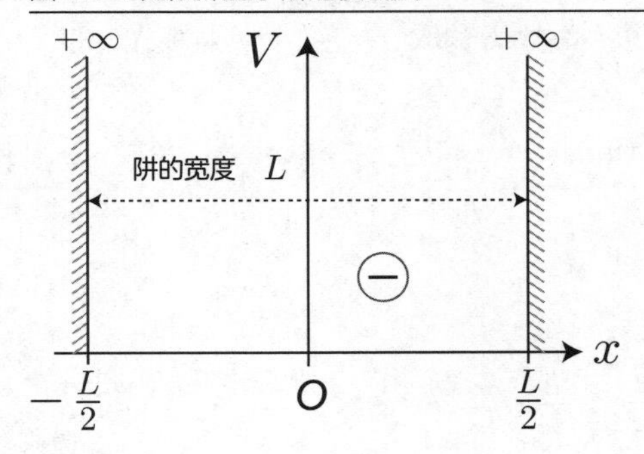

量子阱可以使用下列公式表示，即

$$V(x)=\begin{cases}0 & \left(|x|\leqslant \dfrac{L}{2}\right)\\ +\infty & \left(\dfrac{L}{2}<|x|\right)\end{cases}$$

由于电子不可能存在于势能无穷大的区域（$L/2<|x|$），因此在该区域设置 $\varphi(x)=0$ 即可。此外，由于阱内侧（$L/2<|x|$）的势能为 0，因此与式（2.2）中展示的自由空间中的解完全相同。但是需要给出如下所示的、可以让阱内和阱外的本征函数合理进行连接的条件，即边界条件。

$$\varphi\left(-\frac{L}{2}\right)=\varphi\left(\frac{L}{2}\right)=0$$

原来如此。为式（2.2）施加边界条件之后，就可以变成如式（5.1）所示的形式，即

$$\begin{aligned}\varphi\left(-\frac{L}{2}\right)&=Ae^{-ikL/2}+Be^{ikL/2}=0\\ \varphi\left(\frac{L}{2}\right)&=Ae^{ikL/2}+Be^{-ikL/2}=0\end{aligned}\tag{5.1}$$

这样就可以导出将式（5.1）两边相加和相减之后得到的两个条件表达式，即

$$\begin{aligned}2(A+B)\cos\left(\frac{kL}{2}\right)&=0\\ -2i(A-B)\sin\left(\frac{kL}{2}\right)&=0\end{aligned}$$

从这两个联立方程中可以看出系数 A 和 B 的关系，以及波数 k 的取值存在下列两种模式，即

$$B=A,\quad \frac{kL}{2}=\pi n$$

$$B=-A,\quad \frac{kL}{2}=\frac{\pi}{2}+\pi n$$

但是，n 是整数。接下来我们将它们分别代入式（2.2）中进行整理。由于系数最终需要由归一条件确定，因此暂且用 A 表示，从而得到式（5.2）和式（5.3），即

$$\varphi_n(x) = A\sin(k_n x), \quad k_n = 2n\,\frac{\pi}{L} \tag{5.2}$$

$$\varphi_n(x) = A\cos(k_n x), \quad k_n = (2n+1)\,\frac{\pi}{L} \tag{5.3}$$

虽然波数有两种表达方式，比较麻烦，但是由于两种都是 π/L 的整数倍，因此可以将它们合二为一，即

$$\varphi_n(x) = \begin{cases} A\sin(k_n x) & (n = 1,\, 3,\, 5,\, \cdots) \\ A\cos(k_n x) & (n = 0,\, 2,\, 4,\, \cdots) \end{cases}, \quad k_n = \frac{\pi(n+1)}{L}$$

另外，要根据 n 的值替换 sin 函数和 cos 函数时，例如，当 n = 0, 2, 4, …时，将 sin 函数替换成 cos 函数的话，就可以像下列公式这样，即

$$\sin\left[k_n x + \frac{\pi}{2}(n+1)\right]$$

在参数中添加依赖于 n 的项。最终，本征函数就会变成如式（5.4）所示的形式，即

$$\varphi_n(x) = A\sin\left[k_n\left(x + \frac{L}{2}\right)\right], \quad k_n = \frac{\pi(n+1)}{L}, \quad E_n = \frac{\hbar^2 k_n^2}{2m_e} \tag{5.4}$$

你解释得不错。由于量子阱的范围是从 $-L/2$ 到 $L/2$，因此归一条件就是下列形式，即

$$\int_{-L/2}^{L/2} |\varphi(x)|^2 dx = 1 \tag{5.5}$$

将式（5.2）代入式（5.3）中，对 $\sin^2$ 的积分进行计算，就能够确定 $A = \sqrt{2/L}$。由于哈密顿算符不依赖于时间，因此波函数就是对式（5.2）的空间依赖部分施加了简谐运动的时间依赖因子（n = 0, 1, 2, ⋯）。

$$\psi(x,t) = \varphi(x)e^{-i\omega t} = \sqrt{\frac{2}{L}}\sin\left[k_n\left(x + \frac{L}{2}\right)\right]e^{-i\omega_n t}, \quad k_n = \frac{\pi(n+1)}{L} \tag{5.6}$$

不要忘记角频率 ω_n 与波数 k_n 之间存在如式（2.6）中所示的色散关系。势阱中的波函数的波数无法取连续的值，只能取由整数 n 给出的离散值。因此，本征能量也是根据式（2.4）得到离散值。这种离散的本征能量被称为能级。此外，能量最低的电子态被称为基态，从下往上数的第二个状态被称为第一激发态，从下往上数第三个状态则被称为第二激发态。

5.2 电子本征态的运动动画

好了，我们已经完成了能量本征函数的推导。为了让大家理解本征函数的外形，我们将指定 $L = 1$ nm，绘制出 n = 0, 1, 3, 4, 5 的空间分布曲线图。在绘制曲线图时，要根据每个 n 的值向上偏移错开。完成这一步之后，还需要创建每个能级的动画。

我知道啦。由于我们已经通过式（5.6）得到了本征函数的解析解，因此绘制起来会很容易。图 5.2 所示的曲线图就是 $t = 0$ 的快照。从式（5.6）也可以看出，如果本征函数是 n = 0, 2, 4 的偶数，就是偶函数的 cos 函数。如果是 n = 1, 3, 5 的奇数，就是奇函数的 sin 函数。

图 5.2 ●无限深势阱的本征函数

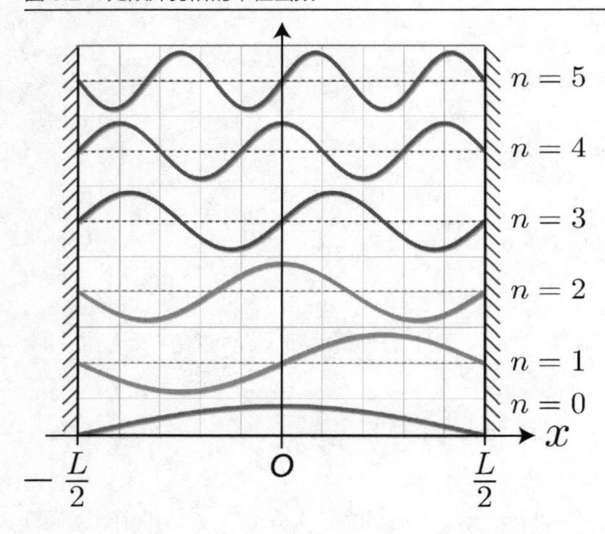

另外，基态的能量和简谐运动的周期分别是如下所示的值：

$$E_0 = \frac{\hbar^2 k_0^2}{2m} = 0.376 \text{ eV} \tag{5.7}$$

$$T_0 = \frac{2\pi}{\omega} = \frac{2\pi\hbar}{E_0} \simeq 1.100 \times 10^{-14}\text{s} = 11.00 \text{ fs} \tag{5.8}$$

针对 $n > 0$ 的能量 E_n 和简谐运动的周期 T_n，使用 E_n 和 T_n 就可以得到下列公式，即

$$E_n = E_0 \times (n+1)^2, \quad T_n = \frac{T_0}{(n+1)^2}$$

绘制量子阱内电子本征态动画的程序源码（Python）

接下来，我们将展示用于创建量子阱内电子本征态动画的程序源码。对于$n = 0 \sim 5$的本征态，我们将以基态的简谐运动的周期分割成500份时间间隔，输出创建动画所需的数据。

程序源码 5.1 ●用于量子阱内电子本征态动画（quantumWell_animation.py）

```
（省略：导入相关模块） <----------------------------------------------- （4.2节）
（省略：物理常量） <--------------------------------------------------- （4.2节）

########################################
#    物理相关的设置
########################################
# 量子阱的宽度
L = 1.0 * 10**-9
# 计算区间
x_min = -L / 2.0
x_max = L / 2.0
# 状态数
n_max = 5
# 空间分割数
NX = 500
# 空间刻度间隔
dx = 1.0 * 10**-9
# 计算时间的幅度
ts = -50
te = 50
# 本征函数
def verphi(n, x):
    kn = math.pi * (n + 1) / L
    return math.sqrt(2.0 / L) * math.sin(kn * (x + L / 2.0))  <------------ 式（5.4）
# 本征能量
def Energy(n):
    kn = math.pi * (n + 1) / L
    return hbar * hbar * kn**2 / (2.0 * me)  <---------------------------- 式（2.4）
# 波函数
def phi(n, x, t):
    kn = math.pi * (n + 1) / L
    omega = hbar * kn**2 / (2.0 * me)  <---------------------------------- 式（2.6）
    return verphi(n,x) * cmath.exp(- I * omega * t)  <-------------------- 式（5.6）

# 基态的周期
T0 = 2.0 * math.pi * hbar / Energy(0)  <---------------------------------- 式（5.8）
# 时间间隔
```

```
dt = T0 / (te - ts + 1)

# 用于创建动画
ims=[]

# 对应每一时刻的波包的计算
for tn in range(ts,te):
    # 实际时间的获取
    t = dt * tn
    xl = []
    # 初始化二维数组
    nl = [0] * (n_max + 1)
    for j in range( n_max + 1 ):
        nl[ j ] = []

    # 对应每个空间位置的计算
    for ix in range(NX):
        # 获取空间位置的坐标
        x = x_min + (x_max - x_min) * ix / NX
        xl.append(x / dx)
        # 按照能级顺序排列
        for n in range(n_max+1):
            nl[ n ].append( phi(n, x, t).real / math.sqrt(2.0 / L) * 0.5 + n )

    # 绘制每一帧
    img  = plt.plot(xl, nl[0], 'blue')
    img += plt.plot(xl, nl[1], 'green')
    img += plt.plot(xl, nl[2], 'red')
    img += plt.plot(xl, nl[3], 'yellow')
    img += plt.plot(xl, nl[4], 'black')
    img += plt.plot(xl, nl[5], 'cyan')
    # 添加到动画对象中
    ims.append( img )

### 绘制图表
plt.title("QuantumWell", fontsize = 16)
plt.xlabel("Position[nm]", fontsize = 16)
plt.ylabel("Eigenfunction", fontsize = 16)
# 设置绘制范围
plt.xlim([-0.5,0.5])
# 生成动画
ani = animation.ArtistAnimation(fig, ims, interval=10)
# 显示图表
plt.show()
```

5.3 确认能量本征函数的正交性

量子阱内电子的本征函数也可以像我们在第 3 天讲解的函数之间的内积那样，将两个能级设置为 m 和 n，并用与式（2.19）相同的方式进行定义，同时还满足正交性，即

$$\langle m|n\rangle = \int_{-L/2}^{L/2} \varphi_m^*(x)\varphi_n(x)dx = \delta_{mn} \tag{5.9}$$

将式（5.4）代入其中并实际对这个积分进行计算，就可以得到证实。不过，当 $n=m$ 时，会满足式（5.5）的归一条件，由于已经施加了这个条件，因此可以保证积分值为 1。

由于是三角函数 sin 的两个乘积的积分，因此可以用三角函数的合并公式将其转换为两个 cos 的和。让我们假设 $n \neq m$，并进行实际的计算吧！

$$\begin{aligned}\langle m|n\rangle &= \frac{2}{L}\int_{-L/2}^{L/2} \sin\left[k_m(x+\frac{L}{2})\right]\sin\left[k_n(x+\frac{L}{2})\right]dx \\ &= \frac{2}{L}\int_0^L \sin[k_m x]\sin[k_n x]\,dx = \frac{1}{L}\int_0^L \{\cos[(k_m-k_n)x]-\cos[(k_m+k_n)x]\}\,dx \\ &= \frac{1}{L}\left\{\left[\frac{1}{k_m-k_n}\sin[(k_m-k_n)x]\right]_0^L - \left[\frac{1}{k_m+k_n}\sin[(k_m+k_n)x]\right]_0^L\right\} = 0\end{aligned}$$

的确，无论 m，n（$n \neq m$）是多少，积分的值都是 0。

好了。似乎大家都已经通过解析确定了本征函数的正交性呢。未来在进行量子计算机的模拟中，都需要进行大量的数值积分计算，因此请大家将这个作为练习，通过数值积分对刚才的正交性进行确认。此外，满足特定条件的势能的本征函数总是满足正交性（【贴士 8】）。

5.3.1 确认能量本征函数的正交性的程序源码（Python）

接下来，我们将对式（5.9）中 n，$m=0 \sim 5$ 的各个指数进行数值积分计算，确认当 $m=n$ 时是否会得到 1，当 $m \neq n$ 时是否会得到 0。但是由于是数值积分，因此，需要注意的是它不会是完美的 1 或 0。

程序源码 5.2 ●检查能量本征函数的正交性（quantumWell_orthonormality.py）

```
（省略：导入相关模块） <------------------------------------------------------------------- （5.2节）
import scipy.integrate as integrate

（省略：物理常量） < ---------------------------------------------------------------------- （5.2节）

#######################################
#   物理相关的设置
#######################################
# 量子阱的宽度
L = 1 * 10**-9
# 计算区间
x_min = -L / 2.0
x_max = L / 2.0
# 状态数
n_max = 5

（省略：本征函数） < ---------------------------------------------------------------------- （5.2节）
（省略：能量） <-------------------------------------------------------------------------- （5.2节）

# 被积函数
def integral_orthonomality(x, n1, n2):  <------------------------------------------------ （※1-1）
    return verphi(n1,x) * verphi(n2,x)  <------------------------------------------------ 式（5.9）

###检查能量本征函数的正交性
for n1 in range(n_max + 1):
    for n2 in range(n_max + 1):
        # 高斯·勒让德积分
        result = integrate.quad(
            integral_orthonomality, # 被积函数
            x_min, x_max,           # 积分区间的下端和上端
            args = (n1, n2)         # 传递给被积函数的参数  < -------------------------- （※1-2）
        )
        # 输出到终端
        print( "(" + str(n1) + ", " + str(n2) + ")  " + str(result[0])) <-------------- （※2）
```

（※1） 如果要将参数传递给被积函数，就需要在 quad 方法的第三个参数中以 args =（ ×，×,⋯）的形式（元组）进行指定，然后就可以为被积函数的第二个参数之后的临时变量指定值。

（※2） 由于 n1 、n2、result[0] 是数值，因此使用 print() 函数输出到终端时，需要将它们转换为字符串类型。

5.3.2 确认计算结果

数值积分的结果如下所示。正如我们设想的那样，去掉误差的话，当 $m=n$ 时结果就是 1。当 $m \neq n$ 时结果就是 0。

```
(0, 0)  0.9999999999999999
(0, 1)  -1.4554538497936782e-17
(0, 2)  -4.4703483581542975e-17
(0, 3)  -4.3812784848945753e-17
(0, 4)  2.0116567611694336e-16
(0, 5)  -1.5403326658726056e-16
(1, 0)  -1.4554538497936782e-17
(1, 1)  0.9999999999999999
(1, 2)  -5.864995902437991e-17
(1, 3)  8.546258884625962e-17
(1, 4)  -1.8664876099024212e-16
(1, 5)  1.1920928955078126e-16
(2, 0)  -4.4703483581542975e-17
(2, 1)  -5.864995902437991e-17
(2, 2)  1.0
(2, 3)  -6.64385496723826e-17
(2, 4)  1.0058283805847168e-16
(2, 5)  -6.916991623568536e-17
（省略）
```

5.3.3 【贴士 8】证明本征函数是正交的且能量是实数

不局限于量子阱，对于被限制在被称为束缚态的特定区域中的粒子的薛定谔方程的本征函数必然是正交的。也就是说，假设本征函数已经是归一化的，就可以用式（5.10）表示，即

$$\langle m|n\rangle \equiv \int_{-\infty}^{\infty} \varphi_m^*(x)\varphi_n(x)dx = \delta_{mn} \tag{5.10}$$

那么不依赖于时间的薛定谔方程使用与本征函数 $\varphi_n(x)$ 对应的本征值 E_n 就可以用式（5.11）表示，即

$$\left[-\frac{\hbar^2}{2m}\frac{d^2}{dx^2}+V(x)\right]\varphi_n(x) = E_n\varphi_n(x) \tag{5.11}$$

在这里我们用 $n \to m$ 替换索引，对两边取复共轭：

$$\left[-\frac{\hbar^2}{2m}\frac{d^2}{dx^2}+V(x)\right]\varphi_m^*(x)=E_m^*\varphi_m^*(x) \tag{5.12}$$

再根据式（5.11）和式（5.12）导出式（5.10）。将式（5.11）的两边分别乘以 $\varphi_m^*(x)$，式（5.12）的两边分别乘以 $\varphi_n(x)$，进行积分计算后就可以得到如下所示的结果，即

$$\int_{-\infty}^{\infty}\varphi_n(x)\left[-\frac{\hbar^2}{2m}\frac{d^2}{dx^2}+V(x)\right]\varphi_m^*(x)dx=E_m^*\langle m|n\rangle \tag{5.13}$$

$$\int_{-\infty}^{\infty}\varphi_m^*(x)\left[-\frac{\hbar^2}{2m}\frac{d^2}{dx^2}+V(x)\right]\varphi_n(x)dx=E_n\langle m|n\rangle \tag{5.14}$$

然后，从式（5.13）中减去式（5.14）的两边，就可以得到下列结果：

$$-\frac{\hbar^2}{2m}\left\{\int_{-\infty}^{\infty}\varphi_m^*\frac{d^2\varphi_n}{dx^2}dx-\int_{-\infty}^{\infty}\varphi_n\frac{d^2\varphi_m^*}{dx^2}dx\right\}=(E_n-E_m^*)\langle m|n\rangle \tag{5.15}$$

在这里对式（5.15）左边的第二项重复进行如下所示的分部积分：

$$\begin{aligned}\int_{-\infty}^{\infty}\varphi_n\frac{d^2\varphi_m^*}{dx^2}dx&=\left[\varphi_n\frac{d\varphi_m^*}{dx}\right]_{-\infty}^{\infty}-\int_{-\infty}^{\infty}\frac{d\varphi_n}{dx}\frac{d\varphi_m^*}{dx}dx=-\int_{-\infty}^{\infty}\frac{d\varphi_n}{dx}\frac{d\varphi_m^*}{dx}dx\\&=-\left[\frac{d\varphi_n}{dx}\varphi_m^*\right]_{-\infty}^{\infty}+\int_{-\infty}^{\infty}\frac{d^2\varphi_n}{dx^2}\varphi_m^*dx=\int_{-\infty}^{\infty}\frac{d^2\varphi_n}{dx^2}\varphi_m^*dx\end{aligned}$$

由于与第一项一致，因此左边为 0。也就是说，式（5.15）是如下所示的两个因子的乘积，即

$$(E_n-E_m^*)\langle m|n\rangle=0$$

因此，如果 $m=n$，那么$\langle n|n\rangle=1$，故而 $E_n-E_n^*=0$。也就是说，E_n 是实数。另一方面，如果 $m\neq n$（$E_m\neq E_n$），那么就可以说$\langle m|n\rangle=0$。因此，我们不仅证明了式（5.10）中的本征函数的正交归一性，同时还证明了本征值（能量）是实数。此外，如果最后使用 $m\neq n$，那么毫无疑问就需要使用 $E_m\neq E_n$。这是因为一维薛定谔方程所属的二阶线性齐次微分方程的本征态是 $m\neq n$ 的话，就肯定是 $E_m\neq E_n$ 已经得到了证实。这里的验证过程我们就省略不再提了。

第6天

量子阱中施加静电场的方法

6.1 施加静电场后的哈密顿算符与本征方程

今天我们将从外部对被限制在这个量子阱中的电子施加电场。这次我们将使用一个静电场，也就是不依赖于时间的电场，也是一个不依赖于位置的常数向量（图 6.1）。此时，向具有电荷量 q 的荷电粒子中施加如式（6.1）所示的力，即

$$\boldsymbol{F} = q\boldsymbol{E} \tag{6.1}$$

由于电子的电荷是 $q = -e$（$e \simeq 1.602 \times 10^{-19}$ C），因此，电子会在与电场方向相反的方向上被施加力。由于这次是在 x 轴方向给予静电场，因此就是 $\boldsymbol{E} = (E_x, 0, 0)$。当将这个静电场施加给被限制在量子阱中的电子时，施加在电子上的力就会改变 6.2 节中计算的本征函数的空间分布。你知道应当如何计算此时的电子状态吗?

因为对电子施加了力，那么只要知道这个力对应的势能，然后再将其代入薛定谔方程，应该就可以了吧？针对电子所具有的势能，只要像式（1.4）那样进行计算，就可以得到下列公式：

$$V = -\int F dx = -q \int E_x dx = e \int E_x dx$$

如果静电场在空间上是均匀的，就可以认为它是常数，那就是下列形式：

$$V = eEx$$

也就是说，给予薛定谔方程的势能可以用式（6.2）表示，即

$$V(x) = \begin{cases} eE_x x & \left(|x| \leqslant \dfrac{L}{2}\right) \\ +\infty & \left(\dfrac{L}{2} < |x|\right) \end{cases} \tag{6.2}$$

这相当于在势阱中设置了一个斜坡。

图 6.1 ●施加静电场后势阱的模式图

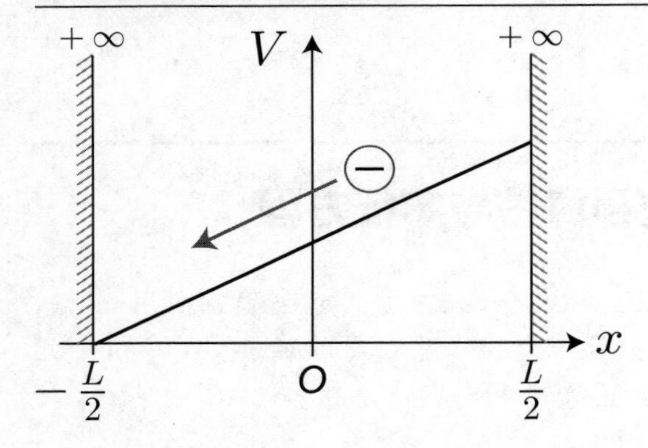

但是当存在像这样依赖于位置 x 的势能项 $V(x)$ 时，应当如何求解薛定谔方程呢?

是啊。即使薛定谔方程看上去简单，却很少有本征函数可以通过解析的方式求解。不过，即使是在这种情况下，由于在一维的场合，基本可以用数值进行计算，因此不用担心。接下来，老夫将对具体的计算方法进行讲解。这种方法不仅适用于静电场，还适用于那些依赖空间的一般的势能 $V(x)$。

对于无法用解析的方式求解的薛定谔方程，用数值进行求解的常用方法是使用已知解（正交归一系）的和将需要计算的未知解展开，并以数值方式计算该展开系数。首先，假设需要以数值方式求解的哈密顿算符为 $\hat{H}$，本征函数为 $\varphi(x)$，能量本征值为 E，本征方程就是下列公式，即

$$\hat{H}\varphi(x) = E\varphi(x) \tag{6.3}$$

式中：$\varphi(x)$ 和 E 在当前都是未知的。$\hat{H}$ 可以使用已经求解的哈密顿算符 $\hat{H}_0$ 和另一个项 V 的和，即

$$\hat{H} = \hat{H}_0 + V \tag{6.4}$$

如果将 $\hat{H}_0$ 的已知本征函数用 $\varphi_n(x)$ 表示，本征能量用 E_n 表示的话，那么就可以满足下列本征方程，即

$$\hat{H}_0 \varphi_n(x) = E_n \varphi_n(x) \tag{6.5}$$

然后，假设未知本征函数 $\varphi(x)$ 可以通过已知本征函数 $\varphi_n(x)$ 的和展开成下列形式：

$$\varphi(x) = \sum_n a_n \varphi_n(x) \tag{6.6}$$

式中：a_n 是展开系数。为什么可以用式（6.6）来表示未知的解呢？是不是觉得有点不可思议呢？这个就像我们刚刚讲过的，由于本征函数 $\varphi_n(x)$ 满足正交归一，因此可以用 $n = 0 \sim \infty$ 表示所有的空间分布。这与傅里叶级数展开完全相同（【贴士 9】）。如果式（6.6）的和可以无限地取，并且展开的函数系是正交归一的，那么无论原理如何，在进行数值计算时，也只能处理有限的项数。因此，使用项数较少的函数系可以有效地提高计算精度。

原来如此。那也就是说，由于我们这次是计算为无限深势阱中的电子施加静电场时的本征态，因此使用没有静电场的本征函数 [式（6.7）] 是合理的。

正是如此。下次，我们将对用数值的方式计算式（6.6）的展开系数 a_n 的方法进行讲解。此外，将式（6.6）的两边乘以 $\varphi_m^*(x)$ 并在整个空间进行积分计算，同时还考虑正交性的话，可以得到式（6.7），即

$$\int_{-\infty}^{\infty} \varphi_m^*(x)\varphi(x)dx = \sum_n a_n \int_{-\infty}^{\infty} \varphi_m^*(x)\varphi_n(x)dx = \sum_n a_n \delta_{mn} = a_m \tag{6.7}$$

将指数置换为 $n \to m$，那么

$$a_n = \int_{-\infty}^{\infty} \varphi_n^*(x)\varphi(x)dx$$

假设 $\varphi(x)$ 是已知的，那么需要计算 a_n 时就可以使用上述公式。

【贴士 9】傅里叶级数展开

在区间 $[-L/2, L/2]$ 中定义的任意函数 $f(x)$ 都可以通过 cos 函数和 sin 函数的和来展开。这种做法被称为傅里叶级数展开，可以用下列公式表示，即

$$f(x) = \frac{a_0}{2} + \sum_{n=1}^{\infty}\left[a_n \cos\left(\frac{2\pi n}{L}x\right) + b_n \sin\left(\frac{2\pi n}{L}x\right)\right]$$

式中：a_n、b_n 是展开系数。这些系数可以通过将两边乘以 $\cos(2\pi mx/L)$ 和 $\sin(2\pi mx/L)$，并在整个空间进行积分的方式计算。此时，考虑 cos 函数和 sin 函数的正交性，即

$$\int_{-L/2}^{L/2} \cos\left(\frac{2\pi m}{L}x\right)\cos\left(\frac{2\pi n}{L}x\right)dx = \frac{L}{2}\delta_{mn} \tag{6.8}$$

$$\int_{-L/2}^{L/2} \sin\left(\frac{2\pi m}{L}x\right)\sin\left(\frac{2\pi n}{L}x\right)dx = \frac{L}{2}\delta_{mn} \tag{6.9}$$

$$\int_{-L/2}^{L/2} \cos\left(\frac{2\pi m}{L}x\right)\sin\left(\frac{2\pi n}{L}x\right)dx = 0 \tag{6.10}$$

就可以进行下列计算，即

$$a_0 = \frac{2}{L}\int_{-L/2}^{L/2} f(x)dx \tag{6.11}$$

$$a_n = \frac{2}{L}\int_{-L/2}^{L/2} f(x)\cos\left(\frac{2\pi n}{L}x\right)dx \tag{6.12}$$

$$b_n = \frac{2}{L}\int_{-L/2}^{L/2} f(x)\sin\left(\frac{2\pi n}{L}x\right)dx \tag{6.13}$$

此外，对于区间 $[-L/2, L/2]$，cos 是偶函数，sin 是奇函数，因此 a_n 和 b_n 分别表示 $f(x)$ 的偶函数分量和奇函数分量的大小。

作为傅里叶级数展开的示例，我们将确认图 6.2 中所示的矩形函数，即

$$f(x) = \begin{cases} h & \left(|x| \leqslant \dfrac{d}{2}\right) \\ 0 & \left(|x| > \dfrac{d}{2}\right) \end{cases} \tag{6.14}$$

的展开系数与和的项数如何接近原始函数。

图 6.2 ●式（6.14）的图像

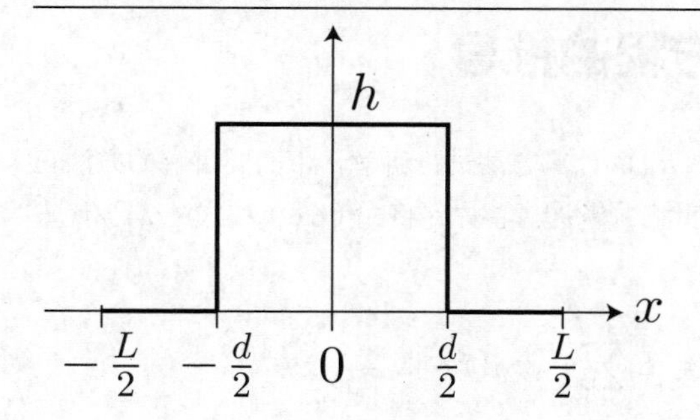

a_0，a_n，b_n 分别是如下所示的形式：

$$a_0 = \frac{2dh}{L}, \quad a_n = \frac{2h}{\pi n}\sin\left(\frac{d\pi n}{L}\right), \quad b_n = 0$$

b_n 之所以为 0，是因为式（6.14）是偶函数的缘故。有

$$f(x) = h\left[\frac{d}{L} + \sum_{n=1}^{\infty}\frac{2}{\pi n}\sin\left(\frac{d\pi n}{L}\right)\cos\left(\frac{2\pi n}{L}x\right)\right]$$

最后，我们将绘制当 $L=1$，$d=0.5$，$h=1$ 时，公式的傅里叶级数展开的图表。在进行数值计算时，由于无法将和的项数设置为无穷大，因此我们将和的项数指定为 N，展示按照 $N=0, 2, 4, 6, 8, 10, 1000$ 的顺序发生的变化。大家可以看到，随着数值 N 的不断增加，函数会逐渐接近原来的矩形函数，当 $N=1000$ 时，大致与原来的形状一致，如图 6.3 所示。当然，当 N 增加到更大的值时，形状会更加接近哦。

图 6.3 ●矩形函数的傅里叶级数展开（N = 0, 2, 4, 6, 8, 10, 1000）

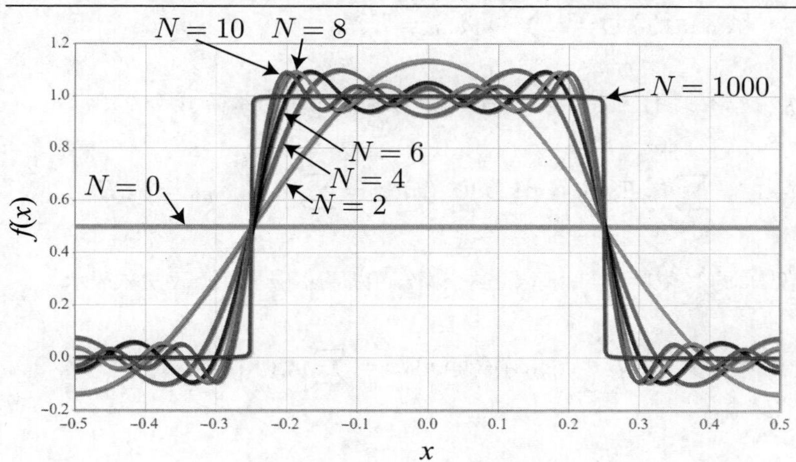

6.2 满足展开系数的联立方程的推导

接下来，我们将对式（6.6）的展开系数 a_n 的计算方法进行讲解。下面要讲解的方法正如前面所说的，也是一种通用步骤，因此必须掌握。首先，将式（6.6）和式（6.4）代入本征值方程式（6.3）中，即

$$\sum_n a_n(\hat{H}_0 + V)\varphi_n(x) = E\sum_n a_n\varphi_n(x)$$

如式（6.5）所示，由于 $\varphi_n(x)$ 是哈密顿算符 $\hat{H}_0$ 的本征函数，因此就可以变成将 $\hat{H}_0$ 置换成 E_n 之后得到下列等式：

$$\sum_n a_n(E_n + V)\varphi_n(x) = E\sum_n a_n\varphi_n(x)$$

为了从上述公式中取出 a_n，需要在两边乘以 $\varphi_m^*(x)$ 并在整个空间进行积分运算。

$$\sum_n a_n \int_{-\infty}^{\infty} \varphi_m^*(x)(E_n + V)\varphi_n(x)dx = E\sum_n a_n \int_{-\infty}^{\infty} \varphi_m^*(x)\varphi_n(x)dx \qquad (6.15)$$

由于是一般表达式，因此假设积分区间为无穷大，但是如果是势阱的话，当然用 $[-L/2, L/2]$ 就可以了。接下来，我们将检查式（6.15）中的每一项。可以看到，式（6.15）的右边与正交归一关系式（6.11）相同。也就是说

$$\text{式 6.15 的右边} = E\sum_n a_n\delta_{mn} = Ea_m$$

由于左边第一项的 E_n 是不依赖于空间的常量，因此也可以利用正交归一关系式（6.11）。

$$\text{式（6.15）的左边第一项} = \sum_n a_n E_n \int_{-\infty}^{\infty} \varphi_m^*(x)\varphi_n(x)dx = \sum_n a_n E_n \delta_{mn} = a_m E_m$$

由于最后的左边的第二项的 V 依赖于空间，因此这个积分可以原封不动，用下列公式表示。

$$\text{式（6.15）的左边第二项} = \sum_n a_n \int_{-\infty}^{\infty} \varphi_m^*(x)V\varphi_n(x)dx = \sum_n a_n\langle m|V|n\rangle$$

最后的符号与式（2.16）中定义的表示积分的符号相似，可以认为是下列积分的定义，即

$$\langle m|V|n\rangle \equiv \int_{-\infty}^{\infty} \varphi_m^*(x)V\varphi_n(x)dx \tag{6.16}$$

综上所述，式（6.15）就会变成式（6.17），即

$$a_m E_m + \sum_n a_n \langle m|V|n\rangle = Ea_m \tag{6.17}$$

在式（6.17）中，如果积分可以进行计算，那么$\langle m|V|n\rangle$就是已知的。当然，E_m也是已知的，未知的是a_0，a_1，a_2，…和E。也就是说，如果给定m = 0, 1, 2, …，那么式（6.17）就是与未知的a_0, a_1, a_2, …和E相关的联立方程。

哎呀，这就是联立方程吗？有点看不懂呀！下面我们具体地指定m和n来看看。如果$m = 0$的话，就是下列形式：

$$a_0(E_0 + \langle 0|V|0\rangle) + a_1\langle 0|V|1\rangle + a_2\langle 0|V|2\rangle + \cdots = Ea_0$$

如果$m = 1$或$m = 2$，那么又会是什么样呢？

$$a_0\langle 1|V|0\rangle + a_1(E_1 + \langle 1|V|1\rangle) + a_2\langle 1|V|2\rangle + \cdots = Ea_1$$
$$a_0\langle 2|V|0\rangle + a_1\langle 2|V|1\rangle + a_2(E_2 + \langle 2|V|2\rangle) + \cdots = Ea_2$$

确实是联立方程的形状，而且左边的形状还有规律性。不过，这样的联立方程应该怎么解呢？

大家是否注意到了，这个联立方程的特征是所有的项都是a_0，a_1，a_2，…乘以系数的形式呢？也就是说，这个联立方程中不存在常量项。因此，a_0，a_1，a_2，… = 0是显而易见的解。不过，也存在计算其他解的方法。那就是，将a_0, a_1, a_2, …表示为列矩阵：

$$\begin{pmatrix} a_0 \\ a_1 \\ a_2 \\ a_3 \\ a_4 \\ \vdots \end{pmatrix}$$

式（6.17）就可以用下列矩阵乘积来表示，即

$$\begin{pmatrix} E_0+\langle 0|V|0\rangle & \langle 0|V|1\rangle & \langle 0|V|2\rangle & \langle 0|V|3\rangle & \langle 0|V|4\rangle & \cdots \\ \langle 1|V|0\rangle & E_1+\langle 1|V|1\rangle & \langle 1|V|2\rangle & \langle 1|V|3\rangle & \langle 1|V|4\rangle & \cdots \\ \langle 2|V|0\rangle & \langle 2|V|1\rangle & E_2+\langle 2|V|2\rangle & \langle 2|V|3\rangle & \langle 2|V|4\rangle & \cdots \\ \langle 3|V|0\rangle & \langle 3|V|1\rangle & \langle 3|V|2\rangle & E_3+\langle 3|V|3\rangle & \langle 3|V|4\rangle & \cdots \\ \langle 4|V|0\rangle & \langle 4|V|1\rangle & \langle 4|V|2\rangle & \langle 4|V|3\rangle & E_4+\langle 4|V|4\rangle & \cdots \\ \vdots & \vdots & \vdots & \vdots & \vdots & \ddots \end{pmatrix} \begin{pmatrix} a_0 \\ a_1 \\ a_2 \\ a_3 \\ a_4 \\ \vdots \end{pmatrix} = E \begin{pmatrix} a_0 \\ a_1 \\ a_2 \\ a_3 \\ a_4 \\ \vdots \end{pmatrix} \tag{6.18}$$

计算矩阵乘积之后，就会知道第一行对应 $m=0$，第二行对应 $m=1$，第三行对应 $m=2$。也就是说，式（6.17）和式（6.18）具有相同的意思。为了简化公式，我们将a_0，a_1，a_2，$\cdots$的列矩阵用$\boldsymbol{a}$表示，式（6.18）右边的矩阵用$\boldsymbol{M}$表示，就可以重新得到式（6.19），即

$$\boldsymbol{Ma}=E\boldsymbol{a} \tag{6.19}$$

虽然这里的$\boldsymbol{M}$ 和 $\boldsymbol{a}$ 是矩阵，但是与微分方程的本征方程［式（1.18）］的形状相同。这就是将薛定谔方程用矩阵表示的本征方程。通常，$\boldsymbol{a}$和 E 分别被称为矩阵 $\boldsymbol{M}$ 的本征向量和本征值。然后，再根据给定的 $\boldsymbol{M}$ 计算 $\boldsymbol{a}$ 和 E就可以了。

感觉突然一下子就进入了正题。用一句话来进行概括，就是通过将薛定谔方程给定的“微分方程的本征方程”转换为“矩阵的本征方程”，然后对转换后的矩阵的本征向量和本征值进行计算。

正是如此。不局限于量子力学，根据表示物理法则的微分方程，使用矩阵表示联立方程来计算本征向量和本征值的步骤非常普遍，这种问题被称为本征值问题。接下来，我们将对本征值问题的解法进行讲解。

6.2.1 【贴士 10】确认矩阵乘积的计算方法

矩阵乘积可以用“计算后的矩阵的第 n 行、第 m 列的元素是左侧矩阵的第 n 行的元素与右侧矩阵的第 m 列元素分别进行乘法运算并相加得到的值”进行定义。如图 6.4 所示，在第 3 行、第 3 列的矩阵与第 3 行、第 1 列的矩阵的乘积中，左侧矩阵的第 1 行与右侧矩阵第 1 列的各个元素的乘积之和是新矩阵的第 1 行、第 1 列的元素。

图 6.4 ●矩阵乘积的计算

第一行 第一列 第一行第一列的元素

$$\begin{pmatrix} M_{00} & M_{01} & M_{02} \\ M_{10} & M_{11} & M_{12} \\ M_{20} & M_{21} & M_{22} \end{pmatrix} \begin{pmatrix} a_0 \\ a_1 \\ a_2 \end{pmatrix} = \begin{pmatrix} M_{00}a_0 + M_{01}a_1 + M_{02}a_2 \\ M_{10}a_0 + M_{11}a_1 + M_{12}a_2 \\ M_{20}a_0 + M_{21}a_1 + M_{22}a_2 \end{pmatrix}$$

也就是说，矩阵乘积的左侧矩阵的列数与右侧矩阵的行数必须始终一致。

6.2.2 【贴士 11】单位矩阵与逆矩阵

行数和列数相同的方阵中，对角线上的元素为 1，其他元素为 0 的矩阵被称为单位矩阵。

$$I = \begin{pmatrix} 1 & 0 & 0 & \cdots \\ 0 & 1 & 0 & \cdots \\ 0 & 0 & 1 & \cdots \\ \vdots & \vdots & \vdots & \ddots \end{pmatrix} \tag{6.20}$$

单位矩阵对于任何方阵 $\boldsymbol{A}$ 都满足下列公式，即

$$\boldsymbol{AI} = \boldsymbol{IA} = \boldsymbol{A}$$

此外，当不同于 $\boldsymbol{A}$ 的方阵 $\boldsymbol{B}$ 满足下列公式时，有

$$\boldsymbol{AB} = \boldsymbol{BA} = I$$

$\boldsymbol{B}$ 就被称为 $\boldsymbol{A}$ 的逆矩阵，通常使用 $\boldsymbol{A}^{-1}$ 表示。也就是说，可以用下列公式表示，即

$$\boldsymbol{AA}^{-1} = \boldsymbol{A}^{-1}\boldsymbol{A} = I$$

但是并非所有的方阵都拥有相对应的逆矩阵，拥有逆矩阵的方阵被称为正则矩阵。为了证明这种矩阵，我们准备了一个 2 行 2 列的方阵（二阶方阵）$\boldsymbol{A}$ 进行具体的思考。$\boldsymbol{A}$ 和它的逆矩阵 $\boldsymbol{A}^{-1}$ 是下列形式：

$$\boldsymbol{A} = \begin{pmatrix} a & b \\ c & d \end{pmatrix} \to \boldsymbol{A}^{-1} = \frac{1}{ad-bc}\begin{pmatrix} d & -b \\ -c & a \end{pmatrix}$$

虽然 $\boldsymbol{A}^{-1}$ 中包含分数的系数，但是如果分母为 0，系数就会发散。这个分母的值被称为行列式 $|\boldsymbol{A}|$，可以用式（6.21）来定义，即

$$|\boldsymbol{A}| = \begin{vmatrix} a & b \\ c & d \end{vmatrix} = ad - bc \tag{6.21}$$

也就是说，方阵拥有逆矩阵的充分且必要条件是 $|\boldsymbol{A}| \neq 0$。不仅在二阶情况下，对于任意 N 阶方阵，都可以定义行列式，并且行列式同样成为存在逆矩阵的充分且必要条件。

此外，关于矩阵乘积的逆矩阵，由于满足 $(\boldsymbol{AB})(\boldsymbol{B}^{-1}\boldsymbol{A}^{-1}) = I$，因此就是下列公式，即

$$(\boldsymbol{AB})^{-1} = \boldsymbol{B}^{-1}\boldsymbol{A}^{-1}$$

6.3 矩阵的本征值与本征向量

接下来，我们将对式（6.19）中矩阵的本征方程的一般解法进行讲解。将右边的项移到左边，并用 $\boldsymbol{a}$ 来表示，似乎就可以变成下列形式：

$$(\boldsymbol{M} - E)\boldsymbol{a} = 0$$

但是这是错误的。因为 $\boldsymbol{M}$ 是矩阵，而 E 只是一个值的缘故。如果要使用矩阵来表示 E，就需要使用用式（6.20）定义的单位矩阵，变成式（6.22），即

$$(\boldsymbol{M} - EI)\boldsymbol{a} = 0 \tag{6.22}$$

使用简单易懂的分量表示就是如下形式：

$$\begin{pmatrix} \boldsymbol{M}_{00} - E & \boldsymbol{M}_{01} & \boldsymbol{M}_{02} & \cdots \\ \boldsymbol{M}_{10} & \boldsymbol{M}_{11} - E & \boldsymbol{M}_{12} & \cdots \\ \boldsymbol{M}_{20} & \boldsymbol{M}_{21} & \boldsymbol{M}_{22} - E & \cdots \\ \vdots & \vdots & \vdots & \ddots \end{pmatrix} \begin{pmatrix} a_0 \\ a_1 \\ a_2 \\ \vdots \end{pmatrix} = 0 \tag{6.23}$$

此外，由于 $E\boldsymbol{a} = EI\boldsymbol{a}$，因此式（6.22）和式（6.19）是相同的。众所周知，排除 $\boldsymbol{a} = 0$，要满足式（6.22）的必要条件是左边矩阵的分量即行列式必须是 0。也就是说，必须是下列公式：

$$\phi(E)=\begin{vmatrix} \boldsymbol{M}_{00}-E & \boldsymbol{M}_{01} & \boldsymbol{M}_{02} & \cdots \\ \boldsymbol{M}_{10} & \boldsymbol{M}_{11}-E & \boldsymbol{M}_{12} & \cdots \\ \boldsymbol{M}_{20} & \boldsymbol{M}_{21} & \boldsymbol{M}_{22}-E & \cdots \\ \vdots & \vdots & \vdots & \ddots \end{vmatrix}=0$$

当矩阵的大小为N行N列的矩阵（N阶方阵）时，可以用$\phi(E)=0$表示的与E相关的方程就是E的N阶方程。因此，E可以得到包括相同的解在内的N个解。这N个解就是矩阵$\boldsymbol{M}$的本征值（也称为特征值）。此外，将各个本征值代入式（6.19）之后获得的$\boldsymbol{a}$被称为本征向量（也称为特征向量）。将N个本征值用$E=E^{(0)}$，$E^{(1)}$，$E^{(2)}$，…表示，它们分别对应的本征向量则用$\boldsymbol{a}=\boldsymbol{a}^{(0)}$，$\boldsymbol{a}^{(1)}$，$\boldsymbol{a}^{(2)}$，…表示的话，本征态就是下列形式，即

$$\boldsymbol{M}\boldsymbol{a}^{(n)}=E^{(n)}\boldsymbol{a}^{(n)} \tag{6.24}$$

$E^{(n)}$是第n个本征值，$\boldsymbol{a}^{(n)}$则是第n个本征向量，可以用下列形式表示：

$$\boldsymbol{a}^{(n)}=\begin{pmatrix} a_0^{(n)} \\ a_1^{(n)} \\ a_2^{(n)} \\ \vdots \end{pmatrix}$$

此外，通常需要按照$E^{(0)}\leqslant E^{(1)}\leqslant E^{(2)}\leqslant\cdots\leqslant E^{(N-1)}$的本征值从小到大的顺序分配索引。

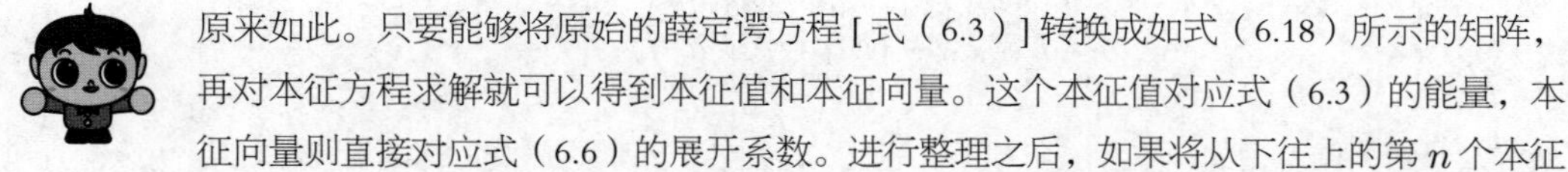

原来如此。只要能够将原始的薛定谔方程[式（6.3）]转换成如式（6.18）所示的矩阵，再对本征方程求解就可以得到本征值和本征向量。这个本征值对应式（6.3）的能量，本征向量则直接对应式（6.6）的展开系数。进行整理之后，如果将从下往上的第n个本征值指定为$E^{(n)}$，将本征向量指定为$\boldsymbol{a}^{(n)}$的话，那么对应这个本征值的本征函数就是下列形式：

$$\varphi^{(n)}(x)=\sum_m a_m^{(n)}\varphi_m(x) \tag{6.25}$$

本征态则可以用下列公式表示：

$$\hat{H}\varphi^{(n)}(x)=E^{(n)}\varphi^{(n)}(x)$$

正是如此。总而言之，只要对式（6.18）的矩阵元素进行计算，计算出矩阵的本征值和本征向量就可以。需要具体进行数值计算的只有式（6.16）的积分$\langle m|V|n\rangle$和式（6.19）的矩阵的本征值以及本征向量。明天，我们将对在势阱中的电子施加静电场之后的本征态进行数值计算。

【贴士 12】关于本征值问题的解法

接下来，我们将使用最简单的两行两列的矩阵对从式（6.19）到式（6.24）的计算进行讲解。对应式（6.19）的本征方程式为

$$\begin{pmatrix} \boldsymbol{M}_{00} & \boldsymbol{M}_{01} \\ \boldsymbol{M}_{10} & \boldsymbol{M}_{11} \end{pmatrix} \begin{pmatrix} a_0 \\ a_1 \end{pmatrix} = E \begin{pmatrix} a_0 \\ a_1 \end{pmatrix} \tag{6.26}$$

当前已知的是 $\boldsymbol{M}_{00}$，$\boldsymbol{M}_{01}$，$\boldsymbol{M}_{10}$，$\boldsymbol{M}_{11}$ 这四个元素，剩余的 a_0，a_1 和 E 则是未知的。根据这个公式来确定 a_0，a_1 和 E 的就是本征值问题。使用式（6.20）中的单位矩阵 I，那么式（6.26）左边的 E 既可以用 EI 表示，也可以用下列公式表示，即

$$\begin{pmatrix} \boldsymbol{M}_{00} & \boldsymbol{M}_{01} \\ \boldsymbol{M}_{10} & \boldsymbol{M}_{11} \end{pmatrix} \begin{pmatrix} a_0 \\ a_1 \end{pmatrix} = \begin{pmatrix} E & 0 \\ 0 & E \end{pmatrix} \begin{pmatrix} a_0 \\ a_1 \end{pmatrix}$$

将右边的项移动到左边进行汇总之后，就能得到下列公式：

$$\begin{pmatrix} \boldsymbol{M}_{00} - E & \boldsymbol{M}_{01} \\ \boldsymbol{M}_{10} & \boldsymbol{M}_{11} - E \end{pmatrix} \begin{pmatrix} a_0 \\ a_1 \end{pmatrix} = 0$$

可以看出，这个公式对应式（6.23）。接着对这个矩阵乘积进行计算：

$$\begin{pmatrix} (\boldsymbol{M}_{00} - E)a_0 + \boldsymbol{M}_{01}a_1 \\ \boldsymbol{M}_{10}a_0 + (\boldsymbol{M}_{11} - E)a_1 \end{pmatrix} = 0$$

就可以得到 2 行 1 列的矩阵。这个方程若是成立，则各个元素就必须变成 0。也就是说，可以得到包含两个公式的联立方程，即

$$\begin{cases} (\boldsymbol{M}_{00} - E)a_0 + \boldsymbol{M}_{01}a_1 = 0 \\ \boldsymbol{M}_{10}a_0 + (\boldsymbol{M}_{11} - E)a_1 = 0 \end{cases} \tag{6.27}$$

虽然此时 a_0 和 a_1 是未知的，但是存在即使不依赖于 a_0 和 a_1 的值，也可以使这个方程成立的条件。那就是式（6.27）中的两个公式表示完全相同的公式这一条件。而若是要满足该条件，必须具备的条件就是 a_0 和 a_1 各自系数的比相同。也就是说，需要满足下列公式：

$$\frac{\boldsymbol{M}_{00} - E}{\boldsymbol{M}_{10}} = \frac{\boldsymbol{M}_{01}}{\boldsymbol{M}_{11} - E} \rightarrow (\boldsymbol{M}_{00} - E)(\boldsymbol{M}_{11} - E) - \boldsymbol{M}_{01}\boldsymbol{M}_{10} = 0$$

此公式刚好满足 6.2.2 小节中【贴士 11】的式（6.21）中所示的行列式。也就是说，虽然这个公式是 E 的二阶方程，但是由于 $\boldsymbol{M}_{00}$，$\boldsymbol{M}_{01}$，$\boldsymbol{M}_{10}$，$\boldsymbol{M}_{11}$ 是已知的，因此可以确定两个 E 的值。如果将小的解指定为 $E^{(0)}$，将大的解指定为 $E^{(1)}$，我们就可以得到下列公式：

$$E^{(0)} = \frac{\boldsymbol{M}_{00} + \boldsymbol{M}_{11} - \sqrt{(\boldsymbol{M}_{00} + \boldsymbol{M}_{11})^2 + 4\boldsymbol{M}_{01}\boldsymbol{M}_{10}}}{2};$$

$$E^{(1)} = \frac{\boldsymbol{M}_{00} + \boldsymbol{M}_{11} + \sqrt{(\boldsymbol{M}_{00} + \boldsymbol{M}_{11})^2 + 4\boldsymbol{M}_{01}\boldsymbol{M}_{10}}}{2}$$

此外，将 $E^{(0)}$ 和 $E^{(1)}$ 分别代入式（6.27）中的第一个公式，就可以求出与 $E^{(0)}$ 和 $E^{(1)}$ 对应的 $a_0^{(0)}$ 和 $a_1^{(0)}$ 的比以及 $a_0^{(1)}$ 和 $a_1^{(1)}$。最后，由于需要将本征向量的大小归一为 $|a_0|^2 + |a_1|^2 = 1$，因此 a_0 和 a_1 就是完全确定的。最终，就可以推导出对应式（6.24）的本征态，即

$$\begin{pmatrix} \boldsymbol{M}_{00} & \boldsymbol{M}_{01} \\ \boldsymbol{M}_{10} & \boldsymbol{M}_{11} \end{pmatrix} \begin{pmatrix} a_0^{(0)} \\ a_1^{(0)} \end{pmatrix} = E^{(0)} \begin{pmatrix} a_0^{(0)} \\ a_1^{(0)} \end{pmatrix}$$

$$\begin{pmatrix} \boldsymbol{M}_{00} & \boldsymbol{M}_{01} \\ \boldsymbol{M}_{10} & \boldsymbol{M}_{11} \end{pmatrix} \begin{pmatrix} a_0^{(1)} \\ a_1^{(1)} \end{pmatrix} = E^{(1)} \begin{pmatrix} a_0^{(1)} \\ a_1^{(1)} \end{pmatrix}$$

此外，关于在导出满足式（6.23）的 E 时，为什么会与行列式相关呢？这是因为当式（6.23）用 $(\boldsymbol{M} - I E)\boldsymbol{a} = 0$ 表示，$K\boldsymbol{a} = 0$（$K \equiv \boldsymbol{M} - IE$）时，如果 K 存在逆矩阵，那么从左边开始将两边乘以 K^{-1} 的话，就是 $\boldsymbol{a} = 0$，这就是平凡解了。也就是说，矩阵 $\boldsymbol{M} - IE$ 的行列式为 0、$|\boldsymbol{M} - IE| = 0$ 是平凡解之外的解（非平凡解）的充分必要条件。

第7天

计算施加静电场后电子的运动

7.1 ⟨ m|V|n ⟩的数值积分

今天，我们将对施加式（6.2）的势能之后的薛定谔方程进行实际的计算。需要进行数值计算的是下列两项。一个是式（6.18）的矩阵元素，即式（6.16）中定义的数值积分 $\langle m|V|n\rangle$；另一个是式（6.18）的矩阵的本征方程的数值解。首先，我们将尝试使用第三方库对数值积分进行计算。此外，请将静电场的强度指定为 $E_x = 1.0 \times 10^{10}$ V/m 并进行计算。

⟨ m| V| n⟩ 的数值积分的程序源码（Python）

我知道了。就让我们马上开始对式（6.16）的数值积分进行计算吧！可以指定 $m, n = 0 \sim 10$ 。我会将所有计算结果都输出到终端。

程序源码 7.1 ● ⟨ m|V|n ⟩ 的数值积分（quantumWell_StarkEffect_step1.py）

```
（省略：导入相关模块） <------------------------------------------------------------------（5.3节）
（省略：物理常量） < ------------------------------------------------------------------（4.2节）

#########################################
#   物理相关的设置
#########################################
```

```
# 量子阱的宽度
L = 1.0 * 10**-9
# 计算区间
x_min = -L / 2.0
x_max = L / 2.0
# 状态数
n_max = 10
# 电场强度
Ex = 1.0*10**10

（省略：本征函数） <------------------------------------------------------------（5.2节）（※1）

# 势能项
def V(x, Ex):
    return(e * Ex * x)  <------------------------------------------------------------式（6.2）

# 被积函数
def integral_matrixElement(x, n1, n2, Ex):
    return verphi(n1 ,x) * V(x, Ex) * verphi(n2, x) / eV  <--------------------式（6.16）（※2）

###矩阵元素的计算
for n1 in range(n_max + 1):
    for n2 in range(n_max + 1):
        # 高斯·勒让德积分
        result = integrate.quad(
            integral_matrixElement, # 被积函数
            x_min, x_max,           # 积分区间的下端和上端
            args=(n1,n2, Ex)        # 传递给被积函数的参数
        )
        real = result[0]
        imag = 0  <------------------------------------------------------------------（※3）
        # 输出到终端
        print( "(" + str(n1) + ", " + str(n2) + ")  " + str(real))
```

（※1） 由于这次我们需要为势阱中的电子施加静电场，因此式（6.5）给出的正交归一系是如式（6.7）所示的不存在静电场的本征函数。

（※2） 由于被积函数的单位是 eV，因此使用 eV 进行除法运算。

（※3） 由于作为被积函数的本征函数是实数，因此虚数原本就是 0。

数值积分的结果如下所示。其中展示了 $m = 0$ 、$n = 0 \sim 10$ 的结果。

```
(0, 0)  3.600676078132407e-16
(0, 1)  -1.8012654869748936
(0, 2)  1.83915298291576e-16
(0, 3)  -0.14410123895799148
(0, 4)  3.873826759195766 4e-16
(0, 5)  -0.039701361753732706
(0, 6)  3.084489801361991e-16
(0, 7)  -0.016338008952153066
(0, 8)  -8.471153525516936e-16
(0, 9)  -0.008270273126606732
(0, 10)  -3.1376506723689426e-17
（省略）
```

在存在静电场的场合中，当 $m=0$，$\langle m|V|n\rangle$ 的值在 n 为偶数时就是 0，在 m 为奇数时它就会具有值。这是因为在以原点对称的积分区间内，V 是奇函数，$\varphi_0(x)$ 是偶函数，而被积函数必须是偶函数才能具有整体的值，因此 $\varphi_n(x)$ 是奇函数，也就是说，必须是 $n=1, 3, 5, 7, 9$。还有一点就是，$m=0$，n 越大，积分值就越小。$n=1$ 和 $n=9$ 相比，大约是 $1/100$，因此，n 的最大值暂时定为 10 是没有问题的。

7.2 矩阵的本征值问题的数值计算

接下来，我们将对式（6.18）的矩阵 $\boldsymbol{M}$ 的本征值和本征向量进行计算。不过，在那之前，我们将对这个矩阵 $\boldsymbol{M}$ 的特征进行大致讲解。虽然刚才计算的矩阵元素 $\langle m|V|n\rangle$ 恰好是实数，但是通常情况下都是复数。由于将 m 和 n 调换之后的 $\langle n|V|m\rangle$ 满足下列公式：

$$\langle n|V|m\rangle = \langle m|V|n\rangle^*$$

因此，将矩阵元素的行和列的元素调换之后取复共轭的矩阵 $\boldsymbol{M}^\dagger$（$\boldsymbol{M}^\dagger_{ij}=\boldsymbol{M}^*_{ji}$）和原始矩阵是相同的矩阵。

$$\boldsymbol{M}^\dagger = \boldsymbol{M}$$

这种矩阵被称为埃尔米特矩阵（【贴士 14】)。量子力学的哈密顿算符始终可以用这个埃尔米特矩阵表示。此外，埃尔米特矩阵的本征值必须是实数，而且本征向量必须是正交的（【贴士 15】)。接下来，我们将对式（6.18）的矩阵 $\boldsymbol{M}$ 的本征值和本征向量进行数值计算。

7.2.1 埃尔米特矩阵的本征值问题的程序源码（Python）

我知道了。下面我将导入 Python 用于对矩阵的本征值和本征向量进行计算的 Numpy 模块，然后再对埃尔米特矩阵的本征值和本征向量进行计算。我会检查计算结果是否正确。这次我也会将所有的计算结果输出到控制台。

程序源码 7.2 ●埃尔米特矩阵的本征值问题（quantumWell_StarkEffect_step2.py）

```
（省略：导入相关模块） <------------------------------------------------------------------ （5.3节）
import numpy as np
import numpy.linalg as LA

（省略：物理常量） < --------------------------------------------------------------------- （4.2节）
（省略：物理相关的设置） <---------------------------------------------------------------- （7.1项）

# 埃尔米特矩阵（列表）
matrix=[]
# 矩阵的元素数量
DIM = n_max + 1

###矩阵元素的计算
for n1 in range(n_max + 1):
    col=[]
    for n2 in range(n_max + 1):
        （省略：数值积分） <-------------------------------------------------------------- （7.1节）
        real = result[0]
        imag = 0j
        # 无静电场的能量本征值（对角线元素）
        En = Energy(n1)/eV if (n1 == n2) else 0
        # 添加行的元素
        col.append( En + real ) <----------------------------------------------------------- （※1）
    # 添加行
    matrix.append( col )

# 列表 → 矩阵
matrix = np.array( matrix ) <---------------------------------------------------------------- （※2）

###本征值与本征向量的计算
result = LA.eig( matrix ) < --------------------------------------------------------------- （※3-1）
eig = result[0] # 本征值 <----------------------------------------------------------------- （※3-2）
vec = result[1] # 本征向量 <--------------------------------------------------------------- （※3-3）
# 升序排序的索引（数组）
index = np.argsort( eig ) < ---------------------------------------------------------------- （※4）
# 对本征值进行升序排序
eigenvalues = eig[ index ] < --------------------------------------------------------------- （※5）
```

```
# 转置矩阵
vec = vec.T  <-------------------------------------------------------------- (※6-1)
# 本征向量的排序
vectors = vec[ index ]  <--------------------------------------------------- (※6-2)

# 输出到终端
for i in range(DIM):
    print(f'第{i}号的本征值：{eigenvalues[i]}')  <----------------------------- (※7-1)
    print(f'第{i}对应的本征向量：\n{vectors[i]}')  <--------------------------- (※7-2)

### 验算：MA-EA=0?
sum = 0
for i in range(DIM):
    v = matrix@vectors[i]-eigenvalues[i]*vectors[i]  <------------------------- (※8)
    for j in range(DIM):
        sum += abs(v[j])**2  <------------------------------------------------- (※9)
print("MA-EA :" + str(sum))
```

（※1） 由于式（6.18）的矩阵 $\boldsymbol{M}$ 只包含对角线元素，因此是与没有静电场的本征能量相加。由于在束缚态下，矩阵的元素必须是实数，因此埃尔米特矩阵 $\boldsymbol{M}$ 实质上是实数的对称矩阵。因此，这次我们只将实数部分作为矩阵元素保存。

（※2） 使用 Python 计算矩阵的本征值和本征向量时，需要使用 numpy.array 方法将列表转换成数组。

（※3） 调用这个函数，就可以对保存在 matrix 中的埃尔米特矩阵（这次是实对称矩阵）的本征值问题求解，将计算结果返回给 result。由于 result 是元组，因此第一个元素是本征值，第二个元素是本征向量。于是我们将它们单独提取出来并重新定义为变量 eig 和 vec。因此，本征值就是元素数量为 DIM 的一维数组，本征向量则是 DIM 行 DIM 列的矩阵。vec 则采用与下列将本征向量（垂直向量）横向排列的矩阵 $\boldsymbol{A}$ 相同的形式保存，即

$$\boldsymbol{A} \equiv \begin{pmatrix} \boldsymbol{a}^{(0)} & \boldsymbol{a}^{(1)} & \boldsymbol{a}^{(2)} & \cdots \end{pmatrix} = \begin{pmatrix} a_0^{(0)} & a_0^{(1)} & a_0^{(2)} & \cdots \\ a_1^{(0)} & a_1^{(1)} & a_1^{(2)} & \cdots \\ a_2^{(0)} & a_2^{(1)} & a_2^{(2)} & \cdots \\ \vdots & \vdots & \vdots & \ddots \end{pmatrix} \tag{7.1}$$

（※4） 计算后得到的本征值对应的本征向量的排列方式与本征值的大小顺序无关。如果要将本征值和本征向量的组合按照本征值的升序进行排序，就需要使用 argsort 方法，以返回按照本征值的升序分配好编号（$0, 1, 2, \cdots, \mathrm{DIM}$）的数组（索引数组）。

（※5） 通常情况下，在数组的元素编号中指定整数就可以提取数组元素。但是如果在这个元素编号中输入整数的数组（索引数组），就可以提取与索引数组的值对应的数组元素，根据提取的顺序生成新的数组。也就是说，将通过（※4）生成的 index 输入本征值的数组 eig 的元素编号中，就

可以提取按照升序重新对本征值进行排序后的新的数组 eigenvalues。

（※6） 虽然我们也想使用（※4）获取的 index 对本征向量的数组 vec 进行排序，但是如果直接通过 vec[index] 的方式传递是非常麻烦的。因为本征向量的矩阵 [式（7.1）] 是将纵向的本征向量排列成横向的，因此需要重新对“列”进行排序。由于 vec 的第一个元素编号是“行”，第二个元素编号是与“列”对应的二维数组，因此，如果指定 vec[index] 的话，系统就会对“行”进行排序。因此，需要预先提取一个调换了 vec 的行和列的转置矩阵（vec.T），再使用 index 对该矩阵的“行”进行排序。

（※7） 在 Python 中，还有一种类似这样使用 print() 函数显示变量的方法。

（※8） 如果结合使用 numpy，就可以使用 @ 运算符计算矩阵乘积。由于 vectors 是通过（※6）得出的行向量，它与 matrix 矩阵的乘积可能看上去用这种方式编写代码也不会得到预期的结果。但是由于这个 @ 运算符非常灵活，如果是计算矩阵和向量的乘积，并且向量是水平向量（行），那么就可以将这个水平向量当作垂直向量，在完成矩阵计算之后，再作为水平向量返回。当然，如果原本就是垂直向量（列）的话，就会像往常一样返回垂直向量。

（※9） 为了检查本征值问题是否已经正确求解，我们将计算如果没有误差就会是 0 的矩阵元素的绝对值的平方和，并在最后将结果输出到控制台。

输出到控制台的计算结果如下所示。

```
第0号的本征值：-1.3481930690551698
第0号的本征值对应的本征向量：
[6.86021393e-01 6.47897378e-01 3.11493267e-01 1.06486744e-01
 3.30177158e-02 1.10715208e-02 4.28874627e-03 1.92582930e-03
 9.63760608e-04 5.31317200e-04 3.03143447e-04]
第1号的本征值：1.3881228866962518
第1号的本征值对应的本征向量：
[ 6.49146811e-01 -3.41859414e-01 -6.13321297e-01 -2.79299001e-01
 -8.34760129e-02 -2.30805750e-02 -7.61694650e-03 -2.85950346e-03
 -1.36902129e-03 -6.59132849e-04 -3.88964820e-04]
第2号的本征值：3.7264029987296694
第2号的本征值对应的本征向量：
[ 3.15474795e-01 -6.31371410e-01  4.10857665e-01  5.42603044e-01
  1.89239004e-01  5.11310544e-02  1.29946622e-02  4.99669622e-03
  1.69045939e-03  1.04346866e-03  3.90695253e-04]
（省略）
第10号的本征值：46.00633848112447
第10号的本征值对应的本征向量：
[-6.63595232e-05  3.22994127e-04 -2.55550091e-04  9.08047028e-04
 -7.48915127e-04  2.67014769e-03 -3.06561984e-03  1.30413074e-02
 -3.31088255e-02  2.41380056e-01 -9.69768690e-01]
|MA-EA| =1.3040047282179526e-26
```

我们在上面展示了基态的本征值（$E^{(0)} = -1.348$ eV）和本征向量，以及最后的核对结果。从核对结果可以看出，我们对埃尔米特矩阵的本征值问题进行的数值计算进展得十分顺利。

7.2.2【贴士 13】转置矩阵、对称矩阵与正交矩阵

对于矩阵 $\boldsymbol{A}$，将行和列调换的操作被称为“转置”。一般需要使用符号 ⊤ 来表示。将 $\boldsymbol{A}$ 转置后得到的 $\boldsymbol{A}^\top$ 被称为转置矩阵。

$$\boldsymbol{A} = \begin{pmatrix} a_{00} & a_{01} & a_{02} & \cdots \\ a_{10} & a_{11} & a_{12} & \cdots \\ a_{20} & a_{21} & a_{22} & \cdots \\ \vdots & \vdots & \vdots & \ddots \end{pmatrix} \rightarrow \boldsymbol{A}^\top = \begin{pmatrix} a_{00} & a_{10} & a_{20} & \cdots \\ a_{01} & a_{11} & a_{21} & \cdots \\ a_{02} & a_{12} & a_{22} & \cdots \\ \vdots & \vdots & \vdots & \ddots \end{pmatrix}$$

当 $\boldsymbol{A}$ 是正方矩阵，并且满足 $\boldsymbol{A} = \boldsymbol{A}^\top$ 时，$\boldsymbol{A}$ 就被称为对称矩阵。此外，如果满足 $A^\top = A^{-1}$ 的话，则被称为正交矩阵。

另外，矩阵乘积的转置需要满足下列公式，即

$$(\boldsymbol{AB})^\top = \boldsymbol{B}^\top \boldsymbol{A}^\top$$

7.2.3【贴士 14】埃尔米特共轭、埃尔米特矩阵与幺正矩阵

将 $\boldsymbol{A}$ 转置后取复共轭的操作被称为埃尔米特共轭。需要使用 †（Dagger）符号。$\boldsymbol{A}$ 的埃尔米特共轭是用 $\boldsymbol{A}^\dagger$ 表示的，即

$$\boldsymbol{A} = \begin{pmatrix} a_{00} & a_{01} & a_{02} & \cdots \\ a_{10} & a_{11} & a_{12} & \cdots \\ a_{20} & a_{21} & a_{22} & \cdots \\ \vdots & \vdots & \vdots & \ddots \end{pmatrix} \rightarrow \boldsymbol{A}^\dagger = \begin{pmatrix} a_{00}^* & a_{10}^* & a_{20}^* & \cdots \\ a_{01}^* & a_{11}^* & a_{21}^* & \cdots \\ a_{02}^* & a_{12}^* & a_{22}^* & \cdots \\ \vdots & \vdots & \vdots & \ddots \end{pmatrix}$$

当 $\boldsymbol{A}$ 是正方矩阵，并且满足 $\boldsymbol{A} = \boldsymbol{A}^\dagger$ 时，$\boldsymbol{A}$ 就被称为埃尔米特矩阵。如果满足 $\boldsymbol{A}^\dagger = \boldsymbol{A}^{-1}$，则被称为幺正矩阵。另外，矩阵乘积的埃尔米特共轭需要满足式（7.2），即

$$(\boldsymbol{AB})^\dagger = \boldsymbol{B}^\dagger \boldsymbol{A}^\dagger \tag{7.2}$$

此外，常量 c 的埃尔米特共轭是 $c^\dagger = c^*$。

7.2.4 【贴士 15】埃尔米特矩阵的本征值与本征向量的特征

众所周知，埃尔米特矩阵的本征值必须是实数，而且本征向量必须是正交的。接下来，我们将证实这一说法。首先证明本征值是实数。假设埃尔米特矩阵是 $\boldsymbol{H}(=\boldsymbol{H}^\dagger)$、其本征向量是 $\boldsymbol{u}$ 、本征值是 λ，且式（7.3）式是成立的，即

$$\boldsymbol{H}\boldsymbol{u} = \lambda\boldsymbol{u} \tag{7.3}$$

如果将这个公式的两边同时乘以 $\boldsymbol{u}^\dagger$，就可以得到下列结果：

$$\boldsymbol{u}^\dagger\boldsymbol{H}\boldsymbol{u} = \lambda\boldsymbol{u}^\dagger\boldsymbol{u} \tag{7.4}$$

由于 $\boldsymbol{u}$ 是列向量，$\boldsymbol{u}^\dagger$ 是行向量，因此右边的 $\boldsymbol{u}^\dagger\boldsymbol{u}$ 就是相同向量之间的内积，即

$$\boldsymbol{u}^\dagger\boldsymbol{u} = \begin{pmatrix} u_0^* & u_1^* & u_2^* & \cdots \end{pmatrix} \begin{pmatrix} u_0 \\ u_1 \\ u_2 \\ \vdots \end{pmatrix} = \sum_n u_n^* u_n = \sum_n |u_n|^2 > 0 \tag{7.5}$$

另一方面，若在式（7.4）的两边取埃尔米特共轭，考虑到式（7.2）和 $\boldsymbol{H}^\dagger = \boldsymbol{H}$ ，就可以得到下列公式，即

$$(\boldsymbol{u}^\dagger\boldsymbol{H}\boldsymbol{u})^\dagger = (\lambda\boldsymbol{u}^\dagger\boldsymbol{u})^\dagger \ \rightarrow\ \boldsymbol{u}^\dagger\boldsymbol{H}\boldsymbol{u} = \lambda^*\boldsymbol{u}^\dagger\boldsymbol{u} \tag{7.6}$$

以式（7.5）为前提，对式（7.4）和式（7.6）进行比较，就可以看出 $\lambda^* = \lambda$。这就验证了 λ 是实数。

接下来，为了证明不同本征值的本征向量是正交的说法，我们将两个本征向量 $\boldsymbol{u}_n$ 和 $\boldsymbol{u}_m$ 对应的本征值分别指定为 λ_n 和 λ_m，即

$$\boldsymbol{H}\boldsymbol{u}_n = \lambda_n\boldsymbol{u}_n \tag{7.7}$$
$$\boldsymbol{H}\boldsymbol{u}_m = \lambda_m\boldsymbol{u}_m \tag{7.8}$$

将式（7.7）的两边同时乘以 $\boldsymbol{u}_m^\dagger$，将式（7.8）的两边同时乘以 $\boldsymbol{u}_m^\dagger$，就可以得到下列结果：

$$\boldsymbol{u}_m^\dagger\boldsymbol{H}\boldsymbol{u}_n = \lambda_n\boldsymbol{u}_m^\dagger\boldsymbol{u}_n \tag{7.9}$$
$$\boldsymbol{u}_n^\dagger\boldsymbol{H}\boldsymbol{u}_m = \lambda_m\boldsymbol{u}_n^\dagger\boldsymbol{u}_m \tag{7.10}$$

在式（7.10）的两边取埃尔米特共轭，减去式（7.9）的两边，就可以得到下列结果：

$$0 = (\lambda_m - \lambda_n)\boldsymbol{u}_m^\dagger \boldsymbol{u}_n$$

如果 $\lambda_m \neq \lambda_n$，本征向量的内积就是 0。也就是说，这证明了本征向量是正交的。如果本征向量已经被归一化，使用克罗内克的 δ，就可以用下式表示，即

$$\boldsymbol{u}_m^\dagger \boldsymbol{u}_n = \delta_{mn} \tag{7.11}$$

这表示即使不同的本征向量的本征值相同，本征向量也是正交的。不过，如果考虑作为列向量的本征向量横向排列后的正方矩阵$\boldsymbol{U}$和埃尔米特共轭的话，就是下列形式：

$$\boldsymbol{U} \equiv \begin{pmatrix} \boldsymbol{u}_0 & \boldsymbol{u}_1 & \boldsymbol{u}_2 & \cdots \end{pmatrix}$$

对于 $\boldsymbol{U}^\dagger$ 和 $\boldsymbol{U}$ 的乘积，考虑式（7.11）的话，就可以得到下列公式：

$$\boldsymbol{U}^\dagger \boldsymbol{U} = \begin{pmatrix} 1 & 0 & 0 & \cdots \\ 0 & 1 & 0 & \cdots \\ 0 & 0 & 1 & \cdots \\ \vdots & \vdots & \vdots & \ddots \end{pmatrix} = I$$

也就是说，由于 $\boldsymbol{U}^\dagger = \boldsymbol{U}^{-1}$，因此$\boldsymbol{U}$ 就是幺正矩阵。进一步使用这个 $\boldsymbol{U}$，式（7.4）就可以用下列公式表示：

$$\boldsymbol{U}^\dagger \boldsymbol{H} \boldsymbol{U} = \begin{pmatrix} \lambda_0 & 0 & 0 & \cdots \\ 0 & \lambda_1 & 0 & \cdots \\ 0 & 0 & \lambda_2 & \cdots \\ \vdots & \vdots & \vdots & \ddots \end{pmatrix}$$

7.3 检查本征函数的空间依赖性

顺利地完成了计算。为了理解通过计算得到的结果，接下来，我将再次展示施加静电场之后的本征态。

$$\hat{H}\varphi^{(n)}(x) = E^{(n)}\varphi^{(n)}(x) \tag{7.12}$$

$$\varphi^{(n)}(x) = \sum_m a_m^{(n)} \varphi_m(x) \tag{7.13}$$

0 1 2 3 4 5 6 7 8 9 10 11 12 13 14

本次计算的是由式（6.18）给出的矩阵的本征值，对应的是哈密顿算符 $\hat{H}$ 的本征能量 $E^{(n)}$（$n=0,1,2,\cdots,10$）。本征向量则直接对应没有外场（静电场）的本征态的展开系数 $a_m^{(n)}$（$m=0,1,2,\cdots,10$）。表 7.1 中展示了从基态到第四激发态的本征值（能量）和本征向量的分量的平方（$|a_m^{(n)}|^2$）。这个值表示原始本征函数 $\varphi_m(x)$ 的混合比。查看基态的结果就会知道，$\varphi_0(x)$ 为 47 %、$\varphi_1(x)$ 为 42 %、$\varphi_2(x)$ 为 10 % 左右的比例混合在一起。

好了！看来计算是正确的。虽然没有施加静电场时，$a_m^{(n)}=\delta_{mn}$，但是对其施加静电场的话，本征函数就会不断地发生扭曲。那么接下来尝试使用这个本征向量的值对基态和激发态的本征函数进行计算吧！

表 7.1 ●计算结果（E_x = 1.0 × 10^{10} V/m）：本征值（$E^{(n)}$）与本征向量（$|a_m^{(n)}|^2$）

	基态（$n=0$）	第一激发态（$n=1$）	第二激发态（$n=2$）	第三激发态（$n=3$）	第四激发态（$n=4$）
$E^{(n)}$ (eV)	−1.348	1.388	3.726	6.316	9.609
$\|a_0^{(n)}\|^2$	0.4706	0.09952	8.112E−03	3.156E−04	2.856E−05
$\|a_2^{(n)}\|^2$	0.4197	0.3986	0.06088	3.673E−03	1.442E−04
$\|a_2^{(n)}\|^2$	0.09702	0.1688	0.3291	0.02716	1.620E−03
$\|a_3^{(n)}\|^2$	0.01134	0.2944	0.3511	0.2513	0.01290
$\|a_4^{(n)}\|^2$	1.090E−03	0.03581	0.2332	0.5263	0.1892
$\|a_5^{(n)}\|^2$	1.226E−04	2.614E−03	0.01628	0.1821	0.6492
$\|a_6^{(n)}\|^2$	1.839E−05	1.689E−04	1.150E−03	8.293E−03	0.1418
$\|a_7^{(n)}\|^2$	3.709E−06	2.497E−05	6.308E−05	6.214E−04	4.604E−03
$\|a_8^{(n)}\|^2$	9.288E−07	2.858E−06	1.478E−05	2.934E−05	3.808E−04
$\|a_9^{(n)}\|^2$	2.823E−07	1.089E−06	1.196E−06	1.024E−05	1.562E−05
$\|a_{10}^{(n)}\|^2$	9.190E−08	1.526E−07	8.341E−07	5.467E−07	7.372E−06

基态与激发态的本征函数的空间分布的程序源码（Python）

我知道了。我将会使用式（7.13）计算 $|\varphi^{(0)}(x)|^2$ 和 $|\varphi^{(1)}(x)|^2$ 的程序添加到程序源码 7.2 中。接下来生成的文件将会输出到自动生成的文件夹中。

程序源码 7.3 ●基态与激发态的本征函数的空间分布（quantumWell_StarkEffect_step3.py）

```
(省略)

# 初始化用于绘图的数组
xs = []
phi = [0] * 2  <------------------------------------------------------------------ (※1-1)
for n in range(len(phi)):
    phi[n] = [0] * (NX + 1)  <------------------------------------------------------ (※1-2)

###本征函数的空间分布
for nx in range(NX+1):
    x = x_min + (x_max - x_min) / NX * nx
    xs.append( x/dx )
    # 计算每个能级
    for n in range(len(phi)):
        for m in range(n_max+1):
            phi[n][nx] += vectors[n][m] * verphi(m, x)  <--------------------------- 式(7.13)

        # 对数据进行变换方便绘制
        phi[n][nx] = abs(phi[n][nx])**2 / (1.0 * 10**9)  <------------------------- (※2)

# 图表的绘制
plt.title("Probability density at Position")
plt.xlabel("Position[nm]")
plt.ylabel("|phi|^2")
# 设置绘制范围
plt.xlim([-0.5, 0.5])
plt.ylim([0, 4.0])
plt.plot(xs, phi[0], linewidth = 3)
plt.plot(xs, phi[1], linewidth = 3)
# 图表的显示
plt.show()
```

（※1） 准备一个二维数组用于保存每个能级的每个位置的概率振幅。使第一个元素编号对应能级（n），第二个元素编号对应空间位置索引（nx）。

（※2） 量子粒子的存在概率与绝对值的平方成正比。

图 7.1 中展示的是施加静电场之后的基态和激发态的本征函数的空间分布。电子受到静电场的作用移动到势能较低的区域。

图 7.1 ●基态与激发态的本征函数的空间分布

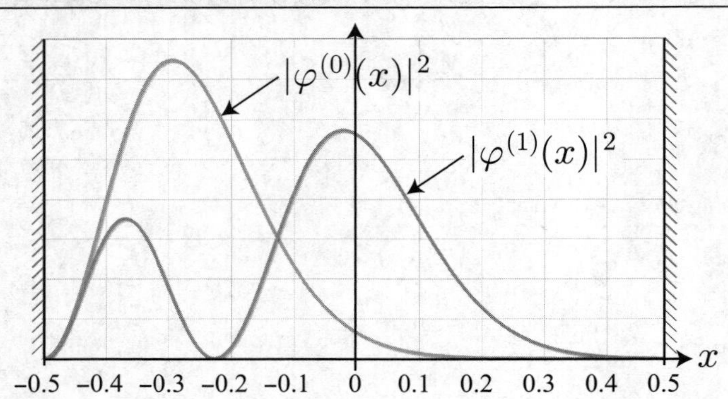

7.4 确认静电场强度依赖性

为了详细地对施加静电场之后的本征态进行确认，请尝试将静电场的强度从 $E_x = 0$ 逐渐改变到 $E_x = 1.0 \times 10^{10}$ V/m，检查本征能量的变化和本征函数的空间分布的变化。

我知道了。我将对程序源码进行修改，以便对每个静电场的强度进行计算。然后将计算结果展示给大家。

首先，我将展示基态和第一激发态的本征能量的静电场强度依赖性。基态的能量会随着静电场的强度的增加而单调递减；另一方面，第一激发态的能量起初会增加，但是到 $E_x = 5 \times 10^9$ V/m 附近会达到最大值，然后减少（图 7.2）。真是不可思议呀！

其次，我将展示基态的本征函数的空间分布（图 7.3）。随着静电场强度的不断增加，空间分布会出现偏移。可以看出，这与本征能量会随着静电场强度的增加而单调递减是对应的。

最后，我将展示第一激发态的本征函数的空间分布（图 7.4）。虽然随着电场强度增加，空间分布会出现偏移，但是与基态相比，在外观上还是有所不同的。它不是根据电场强度而产生单调变化，而是当有电场强度时，以（$E_x = 5 \times 10^9$ V/m）为分界点而发生变化。这刚好与本征能量逐渐减少的趋势相吻合。

图 7.2 ●基态与第一激发态的本征能量（静电场强度依赖性）

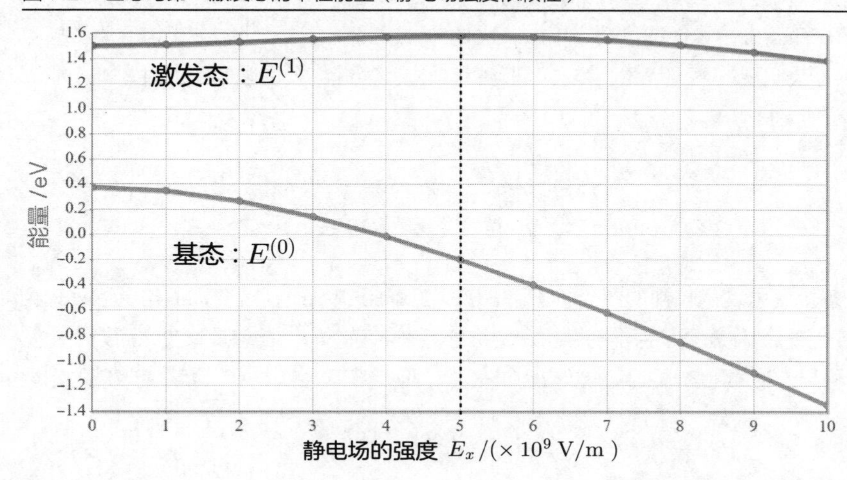

图 7.3 ●基态的本征函数的空间分布（静电场强度依赖性）

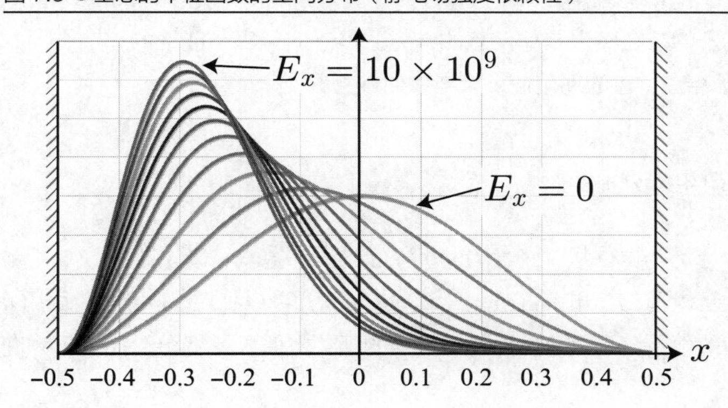

图 7.4 ●第一激发态的本征函数的空间分布（静电场强度依赖性）

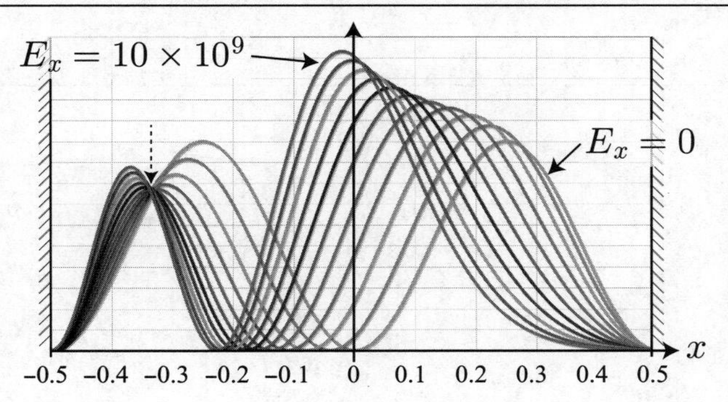

是这样的，你讲到了重点。当外部施加的静电场的强度较小时，基态的本征能量就会减少，而第一激发态的本征能量则会增加。这是一种不局限于量子阱，在束缚于原子核中的电子中也会出现的共通现象，被称为斯塔克效应。当静电场的强度较弱时，本征能量的电场强度依赖性如下所示：

$$E^{(0)} \propto -|E_x|^2$$

$$E^{(1)} \propto |E_x|^2$$

查看本征能量的静电场强度依赖性的图表（$E_x = 0 \sim 2 \times 10^9$ V/m），就会知道与上述公式相同。这个公式可以通过一种被称为量子力学的微扰理论推导出来。基态的能量总是减少，而第一激发态则总是增加。像这种与外场的平方成正比的效应也被称为二阶斯塔克效应（关于斯塔克效应的定性描述请参考【贴士 16】）。

原来如此。即使听了普遍性的解释，我还是觉得不可思议。例如，在第一激发态的本征函数的空间分布中，静电场的强度较弱时（$E_x = 1 \times 10^9 \sim 3 \times 10^9$ V/m），尽管施加了静电场，看上去电子的存在概率是偏向正的一方。虽然这似乎与能量的增加有关。为了确认这一点，我想计算一下电子存在位置的期望值，应当如何做呢？

【贴士 16】斯塔克效应的定性描述

斯塔克效应的本质是静电场与电偶极矩的相互作用。所谓电偶极矩，是指如图 7.5 所示的那样，相同电荷量的正电荷与负电荷在一定距离上是配对的一种状态。将电荷量用 q 表示，正电荷和负电荷的位置分别用 $\boldsymbol{r}_+$ 和 $\boldsymbol{r}_-$ 表示的话，电偶极矩就可以使用下列向量进行定义，即

$$\boldsymbol{p}_E = q\left(\boldsymbol{r}_+ - \boldsymbol{r}_-\right) \tag{7.14}$$

图 7.5 ●电偶极矩

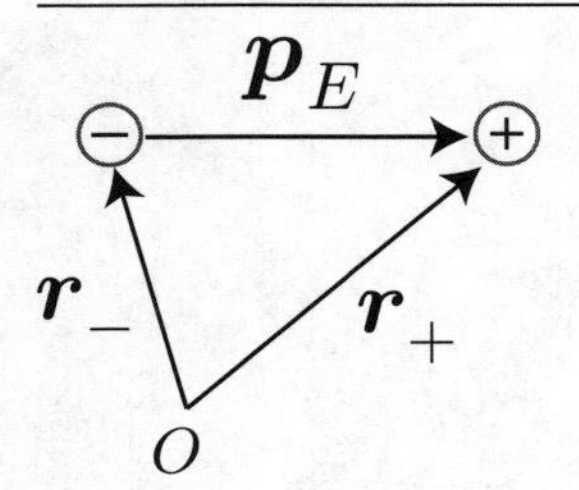

将电偶极矩置于静电场中，它就会因库仑力的作用而向着静电场的方向移动。也就是说，静电场（E）和电偶极矩在平行时能量最小；当它们反向平行时能量最大。因此，存储在电偶极矩中的能量可以用式（7.15）表示，即

$$U=-\boldsymbol{p}_E\cdot E \tag{7.15}$$

如果施加静电场的体系从一开始就存在大小不变的电偶极矩，那么从外部施加静电场，体系整体的能量就会根据式（7.15）与静电场成比例地减少。这就是对一阶斯塔克效应的定性描述。在刚才的描述中，我们提到了“大小不变的电偶极矩”。这个电偶极矩本身也可以由静电场感应。由静电场感应的电偶极子在静电场的强度较小时，可以用式（7.16）表示，即

$$\boldsymbol{p}_E=\alpha E \tag{7.16}$$

式中：α 为极化率。当施加静电场的体系中存在由这种静电场感应的电偶极矩时，体系整体的能量就是将式（7.16）代入式（7.15）后得到下列公式：

$$U=-\alpha|E|^2$$

由此可见，它与静电场的平方是成正比的。这就是二阶斯塔克效应的定性描述。想必大家听完上面的讲解应该已经理解了，量子体系的基态因为斯塔克效应的缘故，能量总是会下降的。

7.5 计算空间分布的中心

由于我们已经得到了本征函数，因此计算电子存在位置的期望值就变得简单了。由于位置 x 的电子存在概率是 $|\varphi^{(n)}(x)|^2$，因此位置的期望值就可以通过式（7.17）进行计算，即

$$\langle x^{(n)}\rangle\equiv\int_{-\frac{L}{2}}^{\frac{L}{2}}x|\varphi^{(n)}(x)|^2dx \tag{7.17}$$

接下来，请尝试计算静电场强度的基态和第一激发态的位置期望值吧！

基态与第一激发态的位置期望值的程序源码（Python）

我知道了。接下来，我将对式（7.17）进行数值积分运算，对基态和第一激发态的位置的期望值进行计算。首先，对程序源码 7.3 进行修改，以便对每个静电场的强度进行计算。然后，将被积函数定义到全局区域中，将数值积分的执行命令添加到 main() 函数中。

程序源码 7.4 ●基态与激发态的本征函数的空间分布（quantumWell_StarkEffect_step4.py）

```
（省略）
# 被积分函数（用于计算平均）
def average_x(x, a):  <----------------------------------------------------------------- （※1）
    sum = 0
    for n in range(n_max + 1):
        sum += a[n] * verphi(n, x)  <-------------------------------------------- 式（7.17）
    return x * sum**2

# 本征值和本征向量的初始化
eigenvalues = [0] * (NEx + 1)  <---------------------------------------------------- （※2-1）
vectors = [0] * (NEx + 1)  <-------------------------------------------------------- （※2-2）
for nEx in range(NEx + 1):
    eigenvalues[nEx] = []  <-------------------------------------------------------- （※2-3）
    vectors[nEx] = []  <------------------------------------------------------------ （※2-4）

# 初始化用于绘制存在概率分布图表的数组
xs = []
phi = [0] * (NEx + 1)  <------------------------------------------------------------ （※3-1）
for nEx in range(NEx + 1):
    phi[nEx] = [0] * 2  <----------------------------------------------------------- （※3-2）
    for n in range( len(phi[nEx]) ):
        phi[nEx][n] = [0] * (NX + 1)  <--------------------------------------------- （※3-3）

# 初始化用于绘制中心电场依赖性图表的数组
averageX = [0] * 2  <--------------------------------------------------------------- （※4-1）
for n in range(len(averageX)):
    averageX[n] = [0] * (NEx + 1)  <------------------------------------------------ （※4-2）

# 每个静电场强度
for nEx in range(NEx + 1):
    print("电场强度：" + str( nEx * 100 / NEx ) + "%")
    # 设置静电场的强度
    Ex = Ex_max / NEx * nEx

（省略）

    for n in range(len(averageX)):
        # 高斯·勒让德积分
        result = integrate.quad(  <--------------------------------------------------- 式（7.17）
            average_x,                # 被积函数
            x_min, x_max,             # 积分区间的下端和上端
            args=(vectors[nEx][n])    # 传递给被积函数的参数  <---------------------------- （※5）
        )
        # 计算结果的获取
        averageX[n][nEx] = result[0] * (1.0 * 10**9)
```

```
# 图表的绘制（能量本征值）
fig1 = plt.figure(figsize=(10, 6))  <-------------------------------------------- （图7.4）
plt.title("Energy at Electric field strength")
plt.xlabel("Electric field strength[V/m]")
plt.ylabel("Energy[eV]")
# 设置绘制范围
plt.xlim([0, 10])
# x轴
exs = range( NEx + 1)  <----------------------------------------------------------- （※6）
# y轴
En_0 = []  <----------------------------------------------------------------------- （※7-1）
En_1 = []  <----------------------------------------------------------------------- （※7-2）
for nEx in range(NEx + 1):
    En_0.append( eigenvalues[nEx][0] )  <------------------------------------------ （※7-3）
    En_1.append( eigenvalues[nEx][1] )  <------------------------------------------ （※7-4）
# 绘制基态和第一激发态的图表
plt.plot(exs, En_0, marker="o", linewidth = 3)
plt.plot(exs, En_1, marker="o", linewidth = 3)

# 图表的绘制（基态）  <--------------------------------------------------------------- （图7.5）
fig2 = plt.figure(figsize=(10, 6))
plt.title("Existence probability at Position (n=0)")
plt.xlabel("Position[nm]")
plt.ylabel("|phi|^2")
# 设置绘制范围
plt.xlim([-0.5, 0.5])
plt.ylim([0, 4.0])
for nEx in range(NEx + 1):
    plt.plot(xs, phi[nEx][0] , linewidth = 3)

# 图表的绘制（第一激发态）  <--------------------------------------------------------- （图7.5）
fig3 = plt.figure(figsize=(10, 6))
plt.title("Existence probability at Position (n=1)")
plt.xlabel("Position[nm]")
plt.ylabel("|phi|^2")
# 设置绘制范围
plt.xlim([-0.5, 0.5])
plt.ylim([0, 3.0])
for nEx in range(NEx + 1):
    plt.plot(xs, phi[nEx][1] , linewidth = 3)

# 图表的绘制（期望值）  <------------------------------------------------------------- （图7.8）
fig4 = plt.figure(figsize=(10, 6))
plt.title("Position at Electric field strength")
plt.xlabel("Electric field strength[V/m]")
```

```
    plt.ylabel("Position[nm]")
    # 设置绘制范围
    plt.xlim([0, 10])
    # x轴
    exs = range( NEx + 1)
    plt.plot(exs, averageX[0], marker="o", linewidth = 3)
    plt.plot(exs, averageX[1], marker="o", linewidth = 3)
    # 图表的显示
    plt.show()
```

（※1） 为了计算各能级量子粒子的存在概率分布的期望值，我们会将展开系数的数组（a_m^n）分配给被积函数的参数。

（※2） 为了计算电场强度依赖性，创建一个将本征值和本征向量的第一个元素编号表示电场强度索引的多维数组。

（※3） 准备一个用于保存各电场强度各能级的各个位置概率振幅的三维数组。

（※4） 为了计算各能级的电场强度依赖性，准备一个第一个元素编号表示能级的索引，第二个元素编号表示电场强度索引的二维数组。

（※5） 给出与（※1）对应的展开系数。

（※6） 使用 range() 函数生成将 0 ~ NEx 的整数作为元素的数组。

（※7） 重新定义用于绘制电场依赖性图表的列表。

图 7.6 ●基态与第一激发态位置的期望值（静电场强度依赖性）

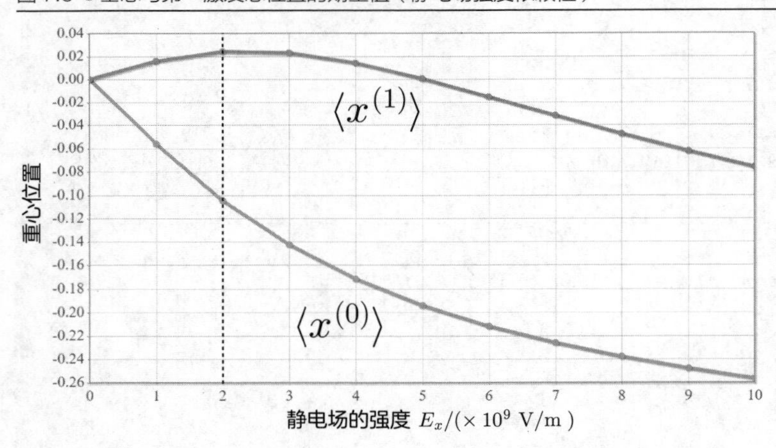

我们在图 7.6 中展示的就是基态和第一激发态位置的期望值的静电场强度依赖性。可以看到，跟我们预期的一样，当静电场的强度较弱时，第一激发态位置的期望值就是“正”的。大概在 $E_x = 2\times 10^9$ V/m 时，位置的期望值会向最“正”的方向移动，因此可以说 $E_x = 0 \sim 2\times 10^9$ V/m 就是斯塔克效应的区域。如果接下来静电场增加，受静电场的作用，位置的期望值会向“负”的方向移动。

第8天

改进量子阱的形状

8.1 量子阱的本征态与量子位的关系

昨天，我们着眼于量子阱的基态和第一激发态，对本征态的空间分布的静电场强度依赖性进行了讲解。那么为什么我们要着眼于这两个状态呢？这是因为使用量子阱的量子计算机（量子点计算机）是为了使这两种状态与量子位的“0”和“1”相对应，量子位的“0”和“1”对应于传统计算机（经典计算机）中使用的位（经典比特）“0”和“1”。量子位的0和1的状态当然是量子态的，因此可以将它们叠加。通常，这两种状态分别用$|0\rangle$和$|1\rangle$表示，而任意量子位的状态则可以用式（8.1）表示，即

$$|\psi\rangle = \alpha|0\rangle + \beta|1\rangle \tag{8.1}$$

式中：系数α和β是复数；$|\alpha|^2$和$|\beta|^2$则分别表示存在于各自状态的概率。此外，量子计算机是通过将这些量子位排列在空间上，使它们进行相互作用来进行运算的。不过，如果要考虑使这些量子位之间进行相互作用，那么就希望$|0\rangle$和$|1\rangle$相互作用的结果必须是不同的。但是在目前这种状态下，问题是位置的期望值的差异较小。此外，由于量子计算机只处理基态和第一激发态这两种状态，因此我们将第一激发态简称为激发态。

原来如此。也就是说，让斯塔克效应更加有效就可以了。那么具体应当如何实现呢？由于需要在空间中分离基态和激发态，那么是不是可以尝试在量子阱的中间搭建一堵墙呢？

哈哈哈，这倒是个不错的主意！如图 8.1 所示，我们只要在量子阱的中间准备一个势垒高度为 V，宽度为 W 的改进版量子阱，在施加静电场时使基态在左边，激发态在右边就可以了。

图 8.1 ●势垒量子阱的模式图

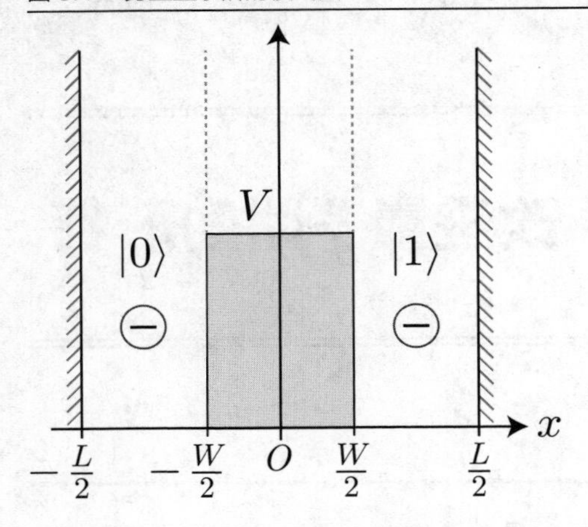

为了计算没有静电场时的本征态，我们将对势能的空间分布做如下定义。

$$V(x)=\begin{cases} V & \left(|x|\leqslant\dfrac{W}{2}\right) \\ 0 & \left(\dfrac{W}{2}\leqslant|x|\leqslant\dfrac{L}{2}\right) \\ \infty & \left(\dfrac{L}{2}\leqslant|x|\right) \end{cases} \tag{8.2}$$

接下来尝试对本征态进行实际的计算吧！

8.2 势垒量子阱的本征态

对包含势垒的量子阱的本征态进行计算的方法，与第 7 天的施加静电场的计算方法完全一样。接下来，我们将势垒的宽度固定为 $W = 0.2$ nm，将高度指定为 $V = 0 \sim 30$ eV 之后，就来进行实际的计算吧！（quantumWell_withBarrier.py）

我们在图 8.2 中展示的就是存在势垒时量子阱的本征能量。势垒的高度越高，基态和激发态的本征能量就会随之增加，并且逐渐变为几乎相同的值。在考虑其中的缘由之前，我们先来看两个本征函数的空间分布吧！此外，图中的 E_0 和 E_1 是代入式（6.7）中的值。

图 8.2 ●势垒量子阱的本征能量（势垒高度依赖性）

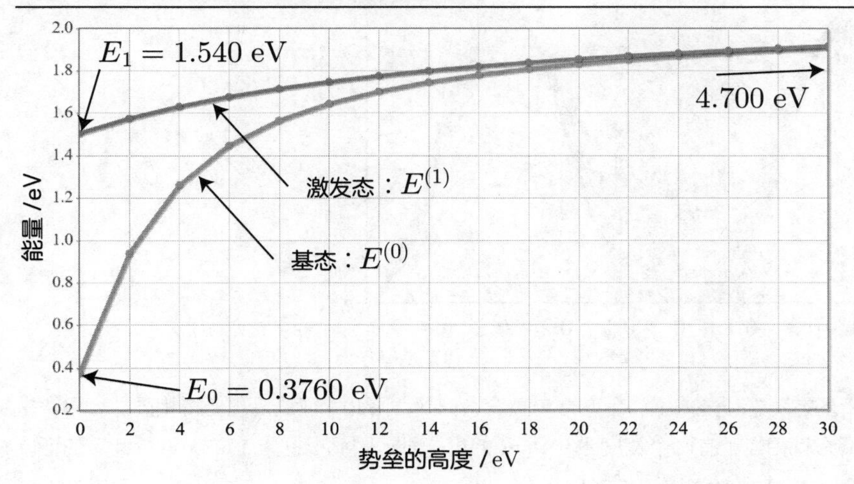

我们在图 8.3 中展示的是将量子阱中心的势垒每增加 2 eV 的基态的本征函数的空间分布。随着势垒的增加，中心附近的电子逐渐消失。由于没有施加静电场，因此空间分布是对称的。

图 8.3 ●势垒量子阱的基态的本征函数的空间分布（势垒高度依赖性）

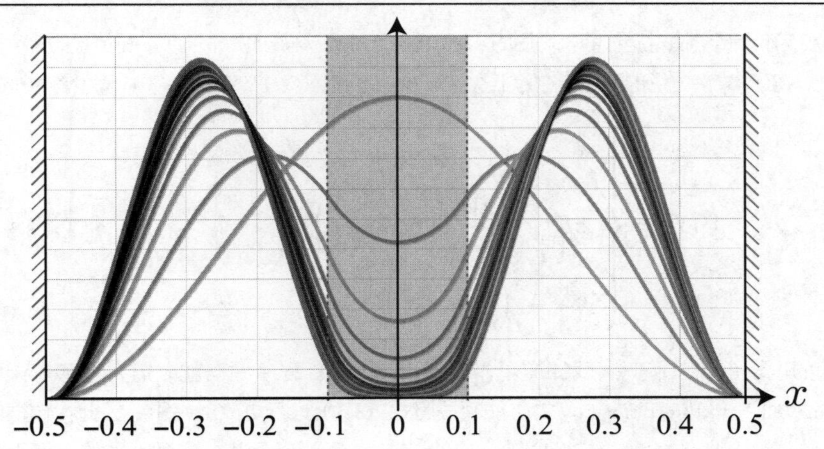

我们在图 8.4 中展示的是将量子阱中心的势垒每增加 2 eV 的激发态的本征函数的空间分布。由于激发态在中心附近的存在概率本来就很小，因此有无势垒对本征函数产生的变化都比较小。

图 8.4 ●势垒量子阱的激发态的本征函数的空间分布（势垒高度依赖性）

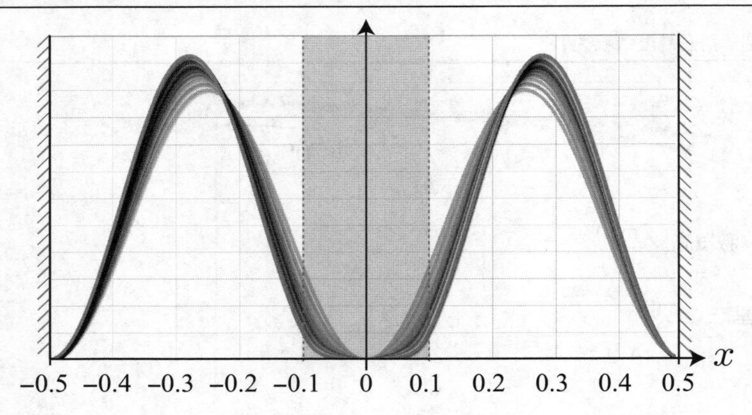

原来如此。由于基态随着势垒的增加会变得与激发态相同，因此本征能量也变得相同。如果势垒的高度是无穷大，那么就相当于有两个宽度为 0.4 nm 的量子阱，因此根据式（6.7）进行计算的话，就可以得到$2 \times E(L = 0.4 \times 10^{-9}) = 4.700$ eV。

8.3 尝试对势垒量子阱施加静电场

好了，接下来，请尝试对施加静电场后的本征态进行计算。势能项如下所示。将势垒的高度固定为$V = 30$ eV，静电场的强度指定为上次的 1/100 就可以了（$E_x = 0 \sim 1.0 \times 10^8$ V/m）。

$$V(x) = \begin{cases} V & \left(|x| \leqslant \dfrac{W}{2}\right) \\ eE_x & \left(\dfrac{W}{2} \leqslant |x| \leqslant \dfrac{L}{2}\right) \\ \infty & \left(\dfrac{L}{2} \leqslant |x|\right) \end{cases} \tag{8.3}$$

这么弱的电场就可以了吗？我知道了，我来计算一下。程序源码就只需要将第 8 天的 quantumWell_StarkEffect_step4.py 的势能项按照式（8.3）进行更改就好了，因此操作很简单（quantumWell_withBarrier_StarkEffect.py）。首先，我将展示基态和激发态的本征函数的空间分布。

我们在图 8.5 中展示的是将静电场从 0 到 10.0×10^7 V/m 按照每 1.0×10^7 V/m 产生变化的基态的本征函数的空间分布。可以看到，随着静电场强度的增加，电子的存在概率会向左侧偏移。在 $E_x = 1.0 \times 10^8$ V/m 时，几乎百分之百偏向了左侧。

图 8.5 ●势垒量子阱的基态的本征函数（静电场强度依赖性）

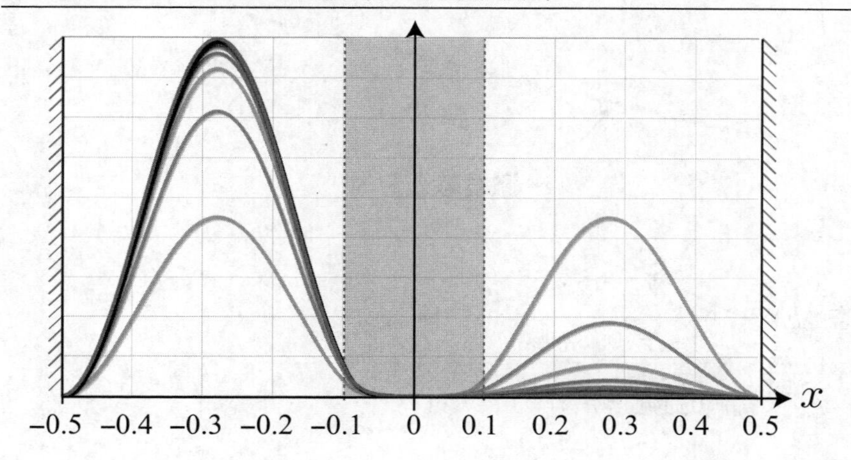

接下来，是图 8.6 所示的激发态。与基态相反，随着静电场强度的增加，电子的存在概率会向右侧偏移。在 $E_x = 1.0 \times 10^8$ V/m 时，几乎百分之百偏向了右侧。只是在量子阱的中间添加了一个势垒，使用 1/100 强度的静电场居然就能够创建出这样左右明显分离的电子的空间分布，真是非常厉害呀！

图 8.6 ●势垒量子阱的激发态的本征函数（静电场强度依赖性）

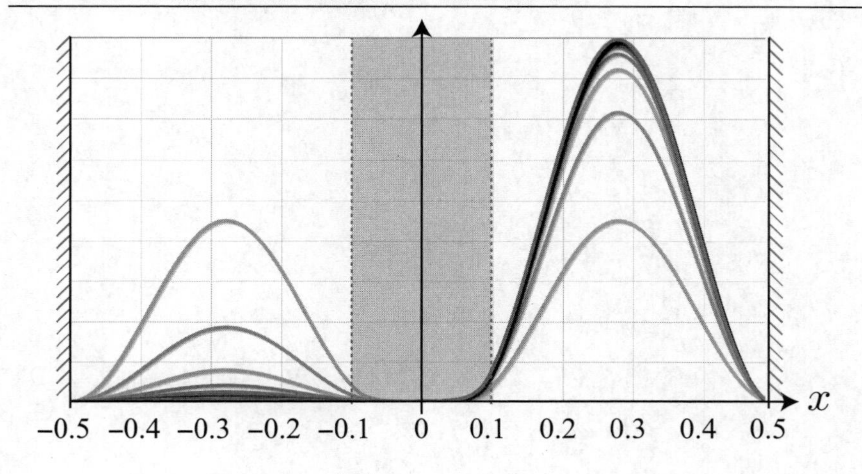

最后，图 8.7 所示的是添加势垒之后的量子阱的基态和激发态的本征能量。随着静电场强度的增加，基态的本征能量会减少，激发态的本征能量则会增加。这正是斯塔克效应。

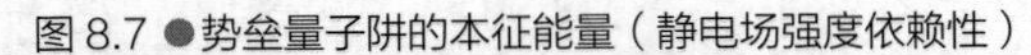

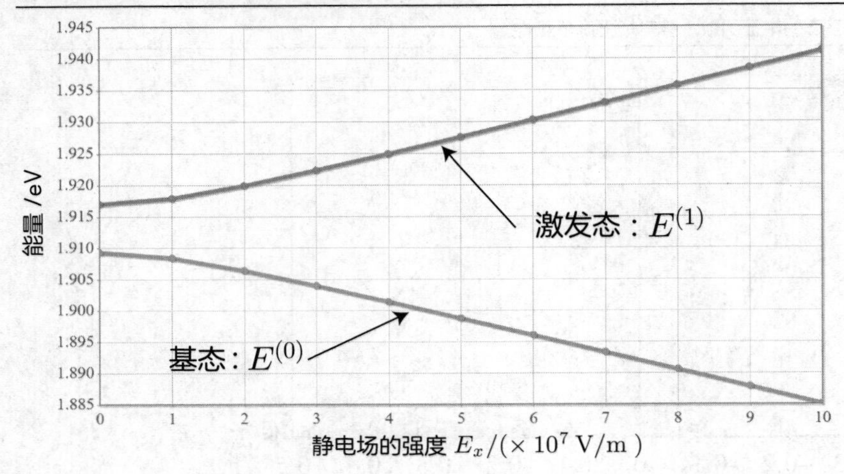

是的。你计算得非常准确。这样我们就实现了一个量子位了。此外，正如我们在【贴士 16】中所讲解的，这次的斯塔克效应在涉及电偶极矩的早期阶段是二阶斯塔克效应，后期就是基于已经存在的电偶极矩的一阶斯塔克效应了。

第9天

对量子阱施加电磁波的方法

9.1 复习麦克斯韦方程组

通过上一节的讲解，相信大家已经知道，只要对量子阱施加静电场，就可以生成基态和激发态分别位于左侧和右侧的状态。此外，前面我们已经提到需要将这两种状态直接对应于量子位的两种状态（$|0\rangle$, $|1\rangle$）。但是要将这两种状态作为量子位使用的话，我们还必须能够自由地对这两种状态进行切换。

仙人好像要开始讲解量子计算机了，好期待呀！切换量子位的两种状态是指从外部进行物理层面的操作吧？像电子那样的带电粒子，从外部对其施加电场 $\boldsymbol{E}$ 或磁场 $\boldsymbol{B}$ 时，就可以对其产生被称为洛伦兹力的作用力。我们要使用的是不是这种力呢？

物理法则 洛伦兹力

$$\boldsymbol{F} = q(\boldsymbol{E} + \boldsymbol{v} \times \boldsymbol{B})$$

式中：q 是电荷，$\boldsymbol{v}$ 是粒子的速度。再加上哈密顿算符就可以使用薛定谔方程进行计算了。那么洛伦兹力的哈密顿算符是什么样呢？

如果是静电场，势能是只由粒子的位置确定的，因此可以通过式（1.4）进行计算。由于洛伦兹力除了依赖于粒子的速度外，$\boldsymbol{E}$ 和 $\boldsymbol{B}$ 还依赖于时间，因此哈密顿算符就不

是像式（1.5）那样，用动能和势能的和表示。在推导出哈密顿算符之前，我们将对本来由电场和磁场满足的麦克斯韦方程组进行讲解。电荷密度（ρ）、电流密度（$\boldsymbol{i}$）、电场（$\boldsymbol{E}$）和磁场（$\boldsymbol{B}$）之间的关系，可以通过被称为麦克斯韦方程组的四组方程统一在一起。

1. 高斯定律：电荷密度与电场的空间分布的关系表达式

$$\nabla \cdot \boldsymbol{E}(\boldsymbol{r},t)=\frac{\rho(\boldsymbol{r},t)}{\epsilon_0}$$

2. 安培・麦克斯韦定律：电流的磁场与电场的关系表达式

$$\frac{1}{\mu_0}[\nabla \cdot \boldsymbol{B}(\boldsymbol{r},t)]-\epsilon_0\frac{\partial \boldsymbol{E}(\boldsymbol{r},t)}{\partial t}=\boldsymbol{i}(\boldsymbol{r},t)$$

3. 法拉第电磁感应定律：磁场的时间变化与电场的空间分布的关系表达式

$$\nabla \cdot \boldsymbol{E}(\boldsymbol{r},t)+\frac{\partial \boldsymbol{B}(\boldsymbol{r},t)}{\partial t}=0$$

4. 磁单极子不存在定律

$$\nabla \cdot \boldsymbol{B}(\boldsymbol{r},t)=0$$

此外，还可以根据电荷守恒定律推导出被称为连续方程的电荷密度与电流密度之间的关系。

物理公式 连续方程（电荷密度与电流密度的关系）

$$\frac{\partial \rho(\boldsymbol{r},t)}{\partial t}+\nabla \cdot \boldsymbol{i}(\boldsymbol{r},t)=0 \tag{9.1}$$

连续方程的论点在守恒定律成立的系统中也同样成立。众所周知，它是物理学各个领域中经常出现的一个非常普遍的方程。

如果使用上述构成麦克斯韦方程组的四个方程和连续方程，那么给定电荷密度 $\rho(\boldsymbol{r},t)$ 和电流密度 $\boldsymbol{i}(\boldsymbol{r},t)$ 的空间分布的时间变化之后，磁通密度 $\boldsymbol{B}(\boldsymbol{r},t)$ 和电场 $\boldsymbol{E}(\boldsymbol{r},t)$ 的空间分布随时间的演化是可以确定的。

接下来，为了考虑纯电磁场的效应，我们将思考不存在电荷密度 [$\rho(\boldsymbol{r},t)=0$] 和电流密度 [$\boldsymbol{i}(\boldsymbol{r},t)=0$] 时的情形。

$$\nabla \cdot \boldsymbol{E}(\boldsymbol{r}, t) = 0 \tag{9.2}$$

$$\frac{1}{\mu_0}[\nabla \cdot \boldsymbol{B}(\boldsymbol{r}, t)] - \epsilon_0 \frac{\partial \boldsymbol{E}(\boldsymbol{r}, t)}{\partial t} = 0 \tag{9.3}$$

$$\nabla \cdot \boldsymbol{E}(\boldsymbol{r}, t) + \frac{\partial \boldsymbol{B}(\boldsymbol{r}, t)}{\partial t} = 0 \tag{9.4}$$

$$\nabla \cdot \boldsymbol{B}(\boldsymbol{r}, t) = 0 \tag{9.5}$$

根据此时的麦克斯韦方程组推导 $\boldsymbol{E}$ 和 $\boldsymbol{B}$ 的关系，得到的结果就是表示将电场和磁场以波的形式传播的电磁波。大家是否知道这个知识点呢?

我在课堂上已经学过了，所以我知道。从式（9.4）的左边开始将两边同时乘以 ∇ 的外积，再改变时间微分的 ∇ 的运算顺序，就可以得到下列公式，即

$$\nabla \cdot [\nabla \cdot \boldsymbol{E}(\boldsymbol{r}, t)] + \frac{\partial}{\partial t}[\nabla \cdot \boldsymbol{B}(\boldsymbol{r}, t)] = 0$$

再将式（9.3）代入上述公式中，就可以消除 $\boldsymbol{B}$ 。

$$\nabla \cdot [\nabla \cdot \boldsymbol{E}(\boldsymbol{r}, t)] + \mu_0 \epsilon_0 \frac{\partial^2 \boldsymbol{E}(\boldsymbol{r}, t)}{\partial t^2} = 0$$

将【贴士 18】中最后的公式应用到第一项中，就可以得到下列二阶微分方程。

$$\left[\frac{\partial^2}{\partial t^2} - \frac{1}{\mu_0 \epsilon_0}\nabla^2\right] \boldsymbol{E}(\boldsymbol{r}, t) = 0 \tag{9.6}$$

虽然这个公式与薛定谔方程略有不同，但是它也是一种波动方程。使用波数向量 $\boldsymbol{k}$ 和角频率 ω 的下一个平面波就是它的解，即

$$\boldsymbol{E}(\boldsymbol{r}, t) = \boldsymbol{E}_0 e^{i\boldsymbol{k}\cdot\boldsymbol{r} - i\omega t} \tag{9.7}$$

这个平面波表示传播方向与波数向量 $\boldsymbol{k}$ 的方向一致，电场的振荡方向为 $\boldsymbol{E}_0$ 。但是，由于 $\boldsymbol{E}_0$ 是不允许任意定向的，因此根据式（9.2）可以得到下列结果，即

$$\nabla \cdot \boldsymbol{E}(\boldsymbol{r}, t) = \nabla \cdot \boldsymbol{E}_0 e^{i\boldsymbol{k}\cdot\boldsymbol{r} - i\omega t} = \boldsymbol{k} \cdot \boldsymbol{E}_0 e^{i\boldsymbol{k}\cdot\boldsymbol{r} - i\omega t} = 0$$

而要使其在任何位置和时间都成立，就必须满足下列公式，即

$$\boldsymbol{k} \cdot \boldsymbol{E}_0 = 0 \tag{9.8}$$

这个关系意味着平面波的传播方向（波数向量的方向）和电场的振荡方向是垂直的。另一方面，$\boldsymbol{k}$ 和 ω 的关系就是将式（9.7）代入式（9.6）之后得到的下列公式。

$$\left[\omega^2 - \frac{k^2}{\mu_0 \epsilon_0}\right] \boldsymbol{E}_0 \, e^{i\boldsymbol{k}\cdot\boldsymbol{r} - i\omega t} = 0$$

因此，可以推导出这个公式要在任何位置和时间都成立的话，就必须要满足下列关系。

物理公式 **电磁波的色散关系**

$$\omega = \boldsymbol{c} \cdot \boldsymbol{k} \tag{9.9}$$

式中：c 是由下列公式定义的光速。

物理常量 **真空中的光速**

$$c = \frac{1}{\sqrt{\mu_0 \epsilon_0}} = 3.000 \times 10^8 \ (\mathrm{m/s}) \tag{9.10}$$

那么我们要通过什么方式才能知道式（9.7）是以光速传播的波呢？只要将光速的传播方向指定为 $\boldsymbol{c}$，色散关系则用 $\omega = \boldsymbol{c} \cdot \boldsymbol{k}$ 和向量的内积表示，再查看代入式（9.7）的平面波的指数部分。

$$\boldsymbol{E}(\boldsymbol{r}, t) = \boldsymbol{E}_0 e^{i\boldsymbol{k}\cdot(\boldsymbol{r} - \boldsymbol{c}\, t)}$$

就能够知道指数部分为 0（波的相位为 0）的位置是以光速 c 传播的。相反的，即使消除 $\boldsymbol{B}$ 也可以得到完全相同的平面波，即

$$\boldsymbol{B}(\boldsymbol{r}, t) = \boldsymbol{B}_0 e^{i\boldsymbol{k}\cdot\boldsymbol{r} - i\omega t} \tag{9.11}$$

但是 $\boldsymbol{B}_0$ 和 $\boldsymbol{E}_0$ 并不是相互独立的，将式（9.9）和式（9.10）分别代入式（9.4）中，就可以得到下列关系表达式，即

$$\boldsymbol{B}_0 = \frac{\boldsymbol{k} \cdot \boldsymbol{E}_0}{\omega} \rightarrow |\boldsymbol{B}_0| = \frac{1}{c}\,|\boldsymbol{E}_0|$$

如式（9.8）所示，由于 $\boldsymbol{k}$ 和 $\boldsymbol{E}_0$ 本来就是垂直的，它们的外积就是一个垂直于它们的向量，因此，

从结果来看，$\boldsymbol{k}$、$\boldsymbol{E}_0$和 $\boldsymbol{B}_0$是相互垂直的。这种电场和磁场相互关联，在三维空间中传播的就是我们常说的电磁波。

是的！你理解得很正确。接下来，我们将对电磁场中电子的哈密顿算符进行讲解。由于 ∇ 的计算非常重要，因此在继续后面的计算之前一定要对它进行复习。

9.1.1 【贴士 17】向量微分运算∇ 与四种使用方法

由于 ∇（Nabla）是在向量解析中出现的一种基本的运算，因此我们将再次对它进行复习，以免忘记。∇ 可以通过具有下列三种分量的向量微分运算进行定义。

数学定义 **向量微分运算 ∇**

$$\nabla \equiv \left(\frac{\partial}{\partial x}, \frac{\partial}{\partial y}, \frac{\partial}{\partial z}\right)$$

由于我们生活的世界是三维空间，因此这个 ∇ 是经常出现在物理学中非常重要的算符。接下来我们将展示这个 ∇ 具有代表性的几种用法。第一种方法是从左侧开始作用于标量函数 $U(x, y, z)$ 的场合。由于标量 $U(x, y, z)$ 作用于向量 ∇ 的每个分量，因此就是下列形式。

数学定义 **梯度向量**

$$\nabla \cdot U = \left(\frac{\partial}{\partial x}, \frac{\partial}{\partial y}, \frac{\partial}{\partial z}\right) \cdot U = \left(\frac{\partial U}{\partial x}, \frac{\partial U}{\partial y}, \frac{\partial U}{\partial z}\right)$$

由于$\partial U/\partial x$ 表示沿 x 轴方向的斜率，而∇U 是以各轴方向的斜率作为分量的向量，因此被称为梯度向量。

第二种用法是从左侧开始作为内积作用于被称为散度的向量函数 $\boldsymbol{F} = (F_x, F_y, F_z)$ 的运算。由于是向量之间的内积，因此可以用下列公式表示。

数学公式 **散度（与 ∇ 的内积）**

$$\nabla \cdot \boldsymbol{F} = \left(\frac{\partial}{\partial x}, \frac{\partial}{\partial y}, \frac{\partial}{\partial z}\right) \cdot (F_x, F_y, F_z) = \frac{\partial F_x}{\partial x} + \frac{\partial F_y}{\partial y} + \frac{\partial F_z}{\partial z}$$

散度表示的是每个点的 $\boldsymbol{F}$ 流入和流出的大小的量。

第三种用法是从左侧开始作为内积作用于被称为旋度的向量函数 $\boldsymbol{F}=(F_x,F_y,F_z)$ 的运算。

数学公式 旋度（与 ∇ 的外积）

$$\nabla\ \cdot\ \boldsymbol{F}=\left(\frac{\partial}{\partial x},\frac{\partial}{\partial y},\frac{\partial}{\partial z}\right)\cdot(F_x,F_y,F_z)=\left(\frac{\partial F_y}{\partial z}-\frac{\partial F_z}{\partial y},\frac{\partial F_z}{\partial x}-\frac{\partial F_x}{\partial z},\frac{\partial F_x}{\partial y}-\frac{\partial F_y}{\partial z}\right)$$

旋度表示的是 $\boldsymbol{F}$ 以各点中心进行的旋转程度大小的量。

第四种用法是 ∇ 之间的内积。两个 ∇ 的内积是表示二阶偏微分的算符，被称为拉普拉斯算子，使用的符号是 △。

数学公式 拉普拉斯算子（∇ 之间的内积）

$$\triangle\equiv\nabla^2=\nabla\cdot\nabla=\left(\frac{\partial}{\partial x}\right)^2+\left(\frac{\partial}{\partial y}\right)^2+\left(\frac{\partial}{\partial z}\right)^2=\frac{\partial^2}{\partial x^2}+\frac{\partial^2}{\partial y^2}+\frac{\partial^2}{\partial z^2}$$

9.1.2 【贴士 18】向量微分运算 ∇ 的公式

接下来，我将对向量微分运算∇相关的公式进行汇总。

首先是梯度相关的公式。

$$\nabla\ \cdot\ [f(\boldsymbol{r})+g(\boldsymbol{r})]=\nabla f(\boldsymbol{r})+\nabla g(\boldsymbol{r})$$
$$\nabla\ \cdot\ [f(\boldsymbol{r})g(\boldsymbol{r})]=[\nabla g(\boldsymbol{r})]\,f(\boldsymbol{r})+[\nabla f(\boldsymbol{r})]\,g(\boldsymbol{r})$$
$$\nabla\ \cdot\ [\boldsymbol{A}\cdot\boldsymbol{B}]=[\boldsymbol{B}\cdot\nabla]\,\boldsymbol{A}+[\boldsymbol{A}\cdot\nabla]\,\boldsymbol{B}+\boldsymbol{A}\ \cdot\ [\nabla\ \cdot\ \boldsymbol{B}]+\boldsymbol{B}\ \cdot\ [\nabla\ \cdot\ \boldsymbol{A}]$$

其次是散度相关的公式。

$$\nabla\cdot[\boldsymbol{A}+\boldsymbol{B}]=\nabla\cdot\boldsymbol{A}+\nabla\cdot\boldsymbol{B}$$
$$\nabla\cdot[f(\boldsymbol{r})\boldsymbol{A}]=[\nabla f(\boldsymbol{r})]\cdot\boldsymbol{A}+f(\boldsymbol{r})\,[\nabla\cdot\boldsymbol{A}]$$
$$\nabla\cdot[\boldsymbol{A}\ \cdot\ \boldsymbol{B}]=\boldsymbol{B}\cdot[\nabla\ \cdot\ \boldsymbol{A}]-\boldsymbol{A}\cdot[\nabla\ \cdot\ \boldsymbol{B}]$$

再次是旋度相关的公式。

$$\nabla\ \cdot\ [\boldsymbol{A}+\boldsymbol{B}]=\nabla\ \cdot\ \boldsymbol{A}+\nabla\ \cdot\ \boldsymbol{B}$$
$$\nabla\ \cdot\ [f(\boldsymbol{r})\boldsymbol{A}]=[\nabla f(\boldsymbol{r})]\ \cdot\ \boldsymbol{A}+f(\boldsymbol{r})\,[\nabla\ \cdot\ \boldsymbol{A}]$$
$$\nabla\ \cdot\ [\boldsymbol{A}\ \cdot\ \boldsymbol{B}]=[\boldsymbol{B}\cdot\nabla]\,\boldsymbol{A}-[\boldsymbol{A}\cdot\nabla]\,\boldsymbol{B}+[\nabla\cdot\boldsymbol{B}]\,\boldsymbol{A}-[\nabla\cdot\boldsymbol{A}]\,\boldsymbol{B}$$

最后展示的是将向量微分运算 ∇ 组合两次后的公式。

$$\nabla \cdot [\nabla f(\boldsymbol{r})] = 0$$
$$\nabla \cdot [\nabla \cdot \boldsymbol{A}] = 0$$
$$\nabla \cdot [\nabla \cdot \boldsymbol{A}] = \nabla [\nabla \cdot \boldsymbol{A}] - \nabla^2 \boldsymbol{A}$$

9.2 电磁场中电子的哈密顿算符

电场和磁场还可以使用电磁势 [向量势 $\boldsymbol{A}(\boldsymbol{r},t)$ 和标量势 $\phi(\boldsymbol{r},t)$] 表示如下。

$$\boldsymbol{B}(\boldsymbol{r},t) = \nabla \cdot \boldsymbol{A}(\boldsymbol{r},t) \tag{9.12}$$

$$\boldsymbol{E}(\boldsymbol{r},t) = -\nabla\phi(\boldsymbol{r},t) - \frac{\partial \boldsymbol{A}(\boldsymbol{r},t)}{\partial t} \tag{9.13}$$

将这个电磁势代入洛伦兹力中，就可以得到下式，即

$$\boldsymbol{F} = q\left[-\nabla\phi(\boldsymbol{r},t) - \frac{\partial \boldsymbol{A}(\boldsymbol{r},t)}{\partial t} + \boldsymbol{v} \cdot (\nabla \cdot \boldsymbol{A}(\boldsymbol{r},t))\right] \tag{9.14}$$

虽然看上去比原来的形式更加复杂，但是这个力对应的哈密顿算符却是如下所示的十分简单的形式。

物理法则 电磁场中带电粒子的哈密顿算符（经典力学）

$$H = \frac{1}{2m}(\boldsymbol{p} - q\boldsymbol{A})^2 - q\phi$$

由于该公式的推导超出了本书的范围，我们不再赘述。此外，将位置和动量替换成算符之后得到的就是与量子力学对应的哈密顿算符。

物理法则 电磁场中带电粒子的哈密顿算符（量子力学）

$$\hat{H} = \frac{1}{2m}(\hat{\boldsymbol{p}} - q\boldsymbol{A})^2 - q\phi$$

$\hat{\boldsymbol{p}}$ 是动量算符的三维版本，可以用与式（1.8）相同的方式给出。

物理定义 **位置显示中的动量算符**

$$\hat{\boldsymbol{p}} = \frac{\hbar}{i}\nabla$$

接下来，我们会进一步将哈密顿算符变形成更易于使用的形式。首先，当电磁场比较弱时，就可以忽略 $\boldsymbol{A}$ 的二次项，变成如下形式：

$$\hat{H} = \frac{1}{2m}\left[\hat{\boldsymbol{p}}^2 - q(\hat{\boldsymbol{p}}\cdot\boldsymbol{A} + \boldsymbol{A}\cdot\hat{\boldsymbol{p}})\right] - q\phi$$

此外，如果 $\boldsymbol{A}$ 满足被称为库仑规范的条件，则

$$\nabla\cdot\boldsymbol{A} = 0 \tag{9.15}$$

于是 $\hat{\boldsymbol{p}}\cdot\boldsymbol{A} = 0$，因此满足下列公式：

$$\hat{\boldsymbol{p}}\cdot\boldsymbol{A} = \boldsymbol{A}\cdot\hat{\boldsymbol{p}}$$

从而变成下列形式：

$$\hat{H} = \frac{1}{2m_e}\left[\hat{\boldsymbol{p}}^2 - 2q\boldsymbol{A}\cdot\hat{\boldsymbol{p}}\right] - q\phi$$

这就是电磁场中带电粒子的哈密顿算符。这次，我们会假设在量子阱的电子中单独施加静电场和电磁波。在这种情况下，整个哈密顿算符中依赖于时间的就只有表示电磁波的 $\boldsymbol{A}$，而表示静电场的 ϕ 则不依赖于时间。假设电子的质量和电荷分别是 $m = m_e$ 和 $q = -e$，分别对哈密顿算符中的时间不变的部分（$\hat{H}_0'$）和依赖时间的部分进行整理，就可以得到下列公式，即

$$\hat{H} = \hat{H}_0' + \frac{e}{m_e}\boldsymbol{A}\cdot\hat{\boldsymbol{p}} \tag{9.16}$$

$$\hat{H}_0' = \frac{1}{2m_e}\hat{\boldsymbol{p}}^2 + e\phi = -\frac{\hbar^2}{2m_e}\nabla^2 + e\phi \tag{9.17}$$

式（9.17）中的第一项相当于电子的动能，第二项则正好是静电场中电子的势能。也就是说，$\boldsymbol{A} = 0$ 的哈密顿算符（$\hat{H}_0'$）与第 6 天讲解的式（6.4）一致，已经得到了本征态的数值。对应式（7.13）和式（7.14），将从底部开始的第 n 个本征能量和本征函数分别指定为 $E^{(n)}$ 和 $\varphi^{(n)}(x)$，就可以用下列公式表示，即

$$\hat{H}_0'\varphi^{(n)}(x) = E^{(n)}\varphi^{(n)}(x) \tag{9.18}$$

$$\varphi^{(n)}(x) = \sum_m a_m^{(n)} \varphi_m(x) \tag{9.19}$$

此外，当 $\boldsymbol{A} \neq 0$ 时，由于 $\hat{H}$ 会依赖于时间，因此不存在本征态。那么，我们就需要对依赖于时间的薛定谔方程进行求解。

原来如此。只要使用数值就可以将式（9.16）代入依赖于时间的薛定谔方程中的偏微分方程进行求解。

物理法则 **电磁场中电子的薛定谔方程**

$$i\hbar \frac{\partial \psi(\boldsymbol{r}, t)}{\partial t} = \left[\hat{H}_0' + \frac{e}{m_e} \boldsymbol{A} \cdot \hat{\boldsymbol{p}} \right] \psi(\boldsymbol{r}, t) \tag{9.20}$$

不过，我要如何进行数值计算呢？

虽然这次我们要对量子阱内的电子施加静电场和电磁波，但是即使是在这种情况下，也可以像第 6 天讲解的那样，使用已知的本征函数将波函数展开，即

$$\psi(\boldsymbol{r}, t) = \sum_n b_n(t) \varphi^{(n)}(x) \tag{9.21}$$

式（9.21）与式（6.6）的区别在于，由于哈密顿算符依赖于时间，因此每个能级的展开系数 $b_n(t)$ 也会依赖于时间。老夫要强调的一点是，之所以使用本征函数能够进行这种展开，是因为 $\varphi^{(n)}(x)$ 形成了正交归一系的缘故。

我好像懂了。将式（9.21）代入式（9.20），导出与 $b_n(t)$ 相关的常微分方程，再使用龙格 · 库塔法计算时间的变化就可以了，对吧？

9.3 计算算法的推导

正是如此。你可以利用 $\varphi^{(n)}(x)$ 是正交归一系这一特性，即

$$\int_{-\infty}^{\infty} \varphi^{(m)^*}(x)\varphi^{(n)}(x)dx = \delta_{m,n} \tag{9.22}$$

参考第 6 天的内容来推导与展开系数 $b_n(t)$ 相关的常微分方程。

我知道了。接下来我将尝试进行计算。首先，将式（9.21）代入式（9.20），再考虑式（9.18）的本征态，就可以得到下列公式，即

$$\sum_n i\hbar \frac{db_n(t)}{dt}\varphi^{(n)}(x) = \sum_n \left[E^{(n)} + \frac{e}{m_e}\boldsymbol{A}\cdot\hat{\boldsymbol{p}}\right] b_n(t)\varphi^{(n)}(x)$$

为了消除左边的和，将两边乘以 $\varphi^{(m)^*}(x)$ 并对整个空间进行积分运算，再根据式（9.22）的正交归一条件，就可以得到下列公式，即

$$i\hbar \frac{db_m(t)}{dt} = E^{(m)}b_m(t) + \sum_n \frac{e}{m_e}\langle m|\boldsymbol{A}\cdot\hat{\boldsymbol{p}}|n\rangle b_n(t) \tag{9.23}$$

此外，我还会根据式（6.16）对空间积分进行如下定义：

$$\langle m|\boldsymbol{A}\cdot\hat{\boldsymbol{p}}|n\rangle \equiv \int_{-\infty}^{\infty} \varphi^{(m)^*}(x)\boldsymbol{A}\cdot\hat{\boldsymbol{p}}\,\varphi^{(n)}(x)dx \tag{9.24}$$

如果我们可以对这个空间积分进行数值计算，那么使用龙格 · 库塔法对式（9.23）的常微分方程进行求解，就可以对展开系数的时间变化进行计算。但是在讲解式（6.16）时，被积函数是表示势能的实函数 V 。而这次是向量势 $\boldsymbol{A}$ 和动量算符 $\hat{\boldsymbol{p}}$ 的内积，这要怎么计算积分呀？

老夫会在后面进行讲解。由于 $\boldsymbol{A}$ 是实函数，因此处理方式与 V 相同。但是由于 $\hat{\boldsymbol{p}}$ 是算符，因此不能直接进行数值积分运算。于是我们就需要想想办法，将算符转换为实函数。接下来，老夫会向你展示具体的流程，之后你务必要进行详细的计算。首先，利用 $\hat{\boldsymbol{r}}$ 和式（9.17）中 $\hat{H}_0'$ 的对易关系，即

$$[\hat{\boldsymbol{r}}, \hat{H}_0'] = \frac{i\hbar}{m_e}\hat{\boldsymbol{p}} \tag{9.25}$$

用下列公式表示。

$$\hat{\boldsymbol{p}} = \frac{m_e}{i\hbar}[\hat{\boldsymbol{r}}, \hat{H}_0'] = \frac{m_e}{i\hbar}(\hat{\boldsymbol{r}}\hat{H}_0' - \hat{H}_0'\hat{\boldsymbol{r}})$$

然后，再将这个公式代入式（9.24），来考虑式（9.18）的本征态。接着，就会像下列计算公式这样，算符都消失了，全部变成了实函数。

$$\begin{aligned}\langle m|\boldsymbol{A}\cdot\hat{\boldsymbol{p}}|n\rangle &= \frac{m_e}{i\hbar}\int_{-\infty}^{\infty}\varphi^{(m)^*}(x)\boldsymbol{A}\cdot(\hat{\boldsymbol{r}}\hat{H}_0'-\hat{H}_0'\hat{\boldsymbol{r}})\,\varphi^{(n)}(x)dx \\ &= \frac{m_e}{i\hbar}\int_{-\infty}^{\infty}\left[\varphi^{(m)^*}(x)\boldsymbol{A}\cdot\boldsymbol{r}\hat{H}_0'\varphi^{(n)}(x)-\boldsymbol{A}\cdot\left\{\varphi^{(m)^*}(x)\hat{H}_0'\boldsymbol{r}\,\varphi^{(n)}(x)\right\}\right]dx \\ &= \frac{m_e}{i\hbar}\int_{-\infty}^{\infty}\left[\varphi^{(m)^*}(x)\boldsymbol{A}\cdot\boldsymbol{r}E^{(n)}\varphi^{(n)}(x)-\boldsymbol{A}\cdot\left\{\varphi^{(m)^*}(x)E^{(m)}\boldsymbol{r}\,\varphi^{(n)}(x)\right\}\right]dx \\ &= \frac{m_e}{i\hbar}\left(E^{(n)}-E^{(m)}\right)\int_{-\infty}^{\infty}\varphi^{(m)^*}(x)\boldsymbol{A}\cdot\boldsymbol{r}\varphi^{(n)}(x)dx\end{aligned} \tag{9.26}$$

这样一来，空间积分的所有参数都转换成了实函数，我们就可以进行数值积分运算了。推导式（9.25）时，需要使用向量型算符的对易关系（【贴士 19】）和算符求幂的对易关系（【贴士 20】）。在推导式（9.26）的过程中，需要注意的是必须满足$\hat{\boldsymbol{r}}\,\varphi^{(n)}(x)=\boldsymbol{r}\,\varphi^{(n)}(x)$，运算符以外的乘积顺序可以自由互换以及满足下列公式，即

$$\int_{-\infty}^{\infty}\varphi^{(m)^*}(x)\hat{H}_0'F(x)dx=E^{(m)}\int_{-\infty}^{\infty}\varphi^{(m)^*}(x)F(x)dx \tag{9.27}$$

这三个条件（【贴士 21】）。第三个条件中的$F(x)$是无穷远处为 0 的任何函数，意味着$F(x)=x\varphi^{(n)}(x)$。此外，式（9.26）中的 $\boldsymbol{A}$ 在满足式（9.15）的库仑规范的任何电磁场中都成立。在 9.3.1 小节中，我们将对电磁波的给出方式进行讲解。

接下来，我将确认在推导出式（9.26）之前所需进行的计算。

9.3.1 【贴士 19】算符为向量时的对易关系

由于式（1.11）的对易关系是一维的位置算符和动量算符的对易关系，因此就是$[\hat{x},\hat{p}_x]=i\hbar$。如果动量算符的位置表示可以用式（1.8）中的偏微分来表示，那么即使存在二维及以上维度的位置算符和动量算符，像$[\hat{y},\hat{p}_x]=0$和$[\hat{x},\hat{p}_y]=0$这样不同坐标之间的对易关系也会是 0。也就是说，即使位置算符和动量算符是向量，对于每个分量而言，对易关系都是成立的。

物理公式 位置算符与动量算符的对易关系（向量）

$$[\hat{\boldsymbol{r}},\hat{\boldsymbol{p}}]=\hat{\boldsymbol{r}}\hat{\boldsymbol{p}}-\hat{\boldsymbol{p}}\hat{\boldsymbol{r}}=i\hbar \tag{9.28}$$

9.3.2 【贴士 20】算符为幂运算时的对易关系

虽然 $\hat{H}_0'$ 是由动量算符 $\hat{\boldsymbol{p}}$ 的平方的项和标量势 ϕ 组成的，但是考虑到由于 ϕ 是位置和时间的函数，因此 $[\phi,\hat{\boldsymbol{r}}]=0$。那么，对于式（9.25）的对易关系，实质上只需要知道 $[\hat{\boldsymbol{r}},\hat{\boldsymbol{p}}^2]$ 就可以了。这样我好像就可以推导出式（9.28）了，根据下式

$$\hat{\boldsymbol{r}}\hat{\boldsymbol{p}}^2=(\hat{\boldsymbol{r}}\hat{\boldsymbol{p}})\hat{\boldsymbol{p}}=(\hat{\boldsymbol{p}}\hat{\boldsymbol{r}}+i\hbar)\hat{\boldsymbol{p}}=(\hat{\boldsymbol{r}}\hat{\boldsymbol{p}}+2i\hbar)\hat{\boldsymbol{p}}=\hat{\boldsymbol{r}}\hat{\boldsymbol{p}}^2+2i\hbar\hat{\boldsymbol{p}}$$

就可以推导出下列公式，即

$$[\hat{\boldsymbol{r}},\hat{\boldsymbol{p}}^2]=\hat{\boldsymbol{r}}\hat{\boldsymbol{p}}^2-\hat{\boldsymbol{p}}^2\hat{\boldsymbol{r}}=2i\hbar\hat{\boldsymbol{p}}$$

也就是说，即使算符是幂运算，也可以将其分解为乘积运算，再分别运用对易关系来降低次数。那么对于一般的次数 n，有

$$[\hat{\boldsymbol{r}},\hat{\boldsymbol{p}}^n]=i\hbar n\,\hat{\boldsymbol{p}}^{n-1}$$

上述公式就是成立的。

9.3.3 【贴士 21】式（9.27）的推导

由于 $\hat{H}_0'$ 的本征态式（9.18），因此我们只要将方程变形成类似此公式的形式就可以了。虽然式（9.27）左边的 $\hat{H}_0'$ 作用于 $F(x)$，但是我们只要让它作用于 $\varphi^{(m)^*}(x)$ 就可以了。

由于 $\hat{H}_0'$ 中与 x 相关的算符实质上是 x 的二阶微分，因此，进行两次分部积分，就可以更换微分所作用的函数。为了复习分部积分，我们准备了在无穷远处变为 0 的函数 $f(x)$，$g(x)$。接下来，就可以进行如下所示的转换。

数学公式 $f(\pm\infty)=0$，$g(\pm\infty)=0$ 的函数的分部积分（一阶微分）

$$\begin{aligned}\int_{-\infty}^{\infty}f(x)\frac{dg(x)}{dx}dx&=[f(x)g(x)]_{-\infty}^{\infty}-\int_{-\infty}^{\infty}\frac{df(x)}{dx}g(x)dx\\&=-\int_{-\infty}^{\infty}\frac{df(x)}{dx}g(x)\end{aligned}$$

二阶微分也可以用同样的方式进行两次分部积分得到下列公式。

数学公式 $f(\pm\infty)=0$，$g(\pm\infty)=0$ **的函数的分部积分（二阶微分）**

$$\int_{-\infty}^{\infty} f(x)\frac{d^2}{dx^2}g(x)dx = \left[f(x)\frac{d}{dx}g(x)\right]_{-\infty}^{\infty} - \int_{-\infty}^{\infty}\frac{d}{dx}\left(f(x)\right)\frac{d}{dx}g(x)dx$$

也就是说，对于运算符部分是关于x的二阶微分方程的 $\hat{H}_0'$ 只要进行两次分部积分就可以将其作用的函数替换掉，即

$$\int_{-\infty}^{\infty}\varphi^{(m)^*}(x)\hat{H}_0'F(x)dx = \int_{-\infty}^{\infty}\hat{H}_0'\left(\varphi^{(m)^*}(x)\right)F(x)dx$$

最后，式（9.18）的本征态 $\hat{H}_0'$ 和 $E^{(n)}$ 是实数，只有 $\varphi^{(n)}(x)$ 包含虚数因子，因此对两边取复共轭，就可以得到下列公式，即

$$\hat{H}_0'\varphi^{(n)^*}(x) = E^{(n)}\varphi^{(n)^*}(x)$$

通过上述过程，我们就完成了对式（9.27）的推导。

9.4 注入电磁波的方法

只要 $\boldsymbol{A}$ 满足库仑规范，即使存在依赖于时间或空间的电荷或电流密度，式（9.23）的常微分方程也是成立的。这次，我们要考虑如何在量子阱中注入静电场和电磁波。为了实现这一点，只需要指定除了量子阱中的电子以外，不允许存在时变的电荷（$\rho\neq 0$，$d\rho/dt=0$）的条件即可。在这种情况下，由于根据连续方程式（9.1）得到的电流密度为 0（$\boldsymbol{i}=0$），因此无论有无电荷密度，电场和磁场分别是类似式（9.7）和式（9.11）的平面波的解。这些解也可以使用向量势表示，即

$$\boldsymbol{A}(\boldsymbol{r},t) = \boldsymbol{A}_0 e^{i\boldsymbol{k}\cdot\boldsymbol{r}-i\omega t}$$

式中：$\boldsymbol{A}_0$ 是向量势的振荡方向；$\boldsymbol{k}$ 是表示电磁波传播方向的波数向量。也就是说，给定量子阱的电磁波时，只需要将这个 $\boldsymbol{A}(\boldsymbol{r},t)$ 给到式（9.23）即可。不过，需要忽略因量子阱中电子的运动而产生的电磁波，以及不要忘记库仑规范的条件。有

$$\nabla \cdot \boldsymbol{A}(\boldsymbol{r},t) = \boldsymbol{k} \cdot \boldsymbol{A}_0 e^{i\boldsymbol{k}\cdot\boldsymbol{r}-i\omega t} = 0 \ \rightarrow \ \boldsymbol{k} \cdot \boldsymbol{A}_0 = 0$$

由于这次我们考虑的是一维（x 轴）的量子阱，因此如果 $\boldsymbol{A}$ 的 x 分量不存在，那么式（9.24）的积分就会变成 0，故而需要给定最大积分 $\boldsymbol{A} = (A,0,0)$，而且需要满足库仑规范的条件。接下来，请思考具体应当如何给定 $\boldsymbol{A}$。

我知道了。如果 $\boldsymbol{A} = (A,0,0)$ 的话，根据库仑规范的条件，假设 x 分量为 0，则允许波数向量可以自由地具有 y 分量和 z 分量 [$\boldsymbol{k} = (0,k_y,k_z)$]。为了尽量简化公式，我将指定 y 分量也为 0，波数向量只具有 z 分量 [$\boldsymbol{k} = (0,0,k)$]。这样一来，表示向 z 轴方向传播的电磁波的向量势就是下列公式，即

$$\boldsymbol{A}(\boldsymbol{r},t) = \left(A_0 e^{ikz-i\omega t},0,0\right)$$

虽然我很想用上述公式来表示向量势，但是由于电场和磁场是实数，所以我们还是使用下面这个公式，即

$$\boldsymbol{A}(\boldsymbol{r},t) = (A_0\cos(kz-\omega t),0,0) \tag{9.29}$$

虽然这里也用不上，但是我还是使用式（9.13）和式（9.14）计算出了电场和磁场，即

$$\begin{aligned}\boldsymbol{E}(\boldsymbol{r},t) &= (E_0 + \omega A_0 \sin(kz-\omega t),0,0)\\ \boldsymbol{B}(\boldsymbol{r},t) &= (0,-kA_0\sin(kz-\omega t),0)\end{aligned}$$

式中：E_0 不是电磁波产生的，而是静电场。

很好。接下来，我们将这个向量势 $\boldsymbol{A}$ 代入式（9.26）中，进行 $\langle m|\boldsymbol{A}\cdot\hat{\boldsymbol{p}}|n\rangle$ 的计算。在被积函数的因子中，即

$$\boldsymbol{A}\cdot\boldsymbol{r} = xA_0\cos(kz-\omega t)$$

除了依赖于 x 的部分，其余部分都可以提取到积分的外面，即

$$\langle m|\boldsymbol{A}\cdot\hat{\boldsymbol{p}}|n\rangle = \frac{m_e}{i\hbar}\left(E^{(n)} - E^{(m)}\right) A_0\cos(kz-\omega t)\int_{-\infty}^{\infty}\varphi^{(m)^*}(x)x\varphi^{(n)}(x)dx$$

因此，实质上我们需要进行数值积分的就是下面这部分，即

$$X_{mn} \equiv \langle m|x|n\rangle = \int_{-\infty}^{\infty} \varphi^{(m)^*}(x) x \varphi^{(n)}(x) dx \tag{9.30}$$

这与式（6.16）中所进行的对由静电场感应的电偶极矩的计算相同呢。这证明了当注入电磁波之后，电子会因为构成电磁波的电场而发生震动的效应。由于 X_{mn} 不依赖于时间，因此只要计算过一次就可以反复使用它。最终得到的常微分方程就是下列公式，即

$$i\hbar \frac{db_m(t)}{dt} = E^{(m)} b_m(t) + \frac{eA_0}{i\hbar} \cos(kz - \omega t) \sum_n \left(E^{(n)} - E^{(m)}\right) X_{mn} b_n(t)$$

这次，我使用将量子阱的 z 坐标指定为0（$z = 0$），为了便于编程，将 m 和 n 调换，在两边除以 $i\hbar$，对符号进行了整理得到了下列公式，即

$$\frac{db_n(t)}{dt} = \frac{E^{(n)}}{i\hbar} b_n(t) + \frac{eA_0}{\hbar^2} \cos(\omega t) \sum_m \left(E^{(n)} - E^{(m)}\right) X_{nm} b_m(t) \tag{9.31}$$

此外，如果是没有电磁波（$A_0 = 0$）的场合，那么式（9.31）就会转换成下列形式，即

$$\frac{db_n(t)}{dt} = \frac{E^{(n)}}{i\hbar} b_n(t) \tag{9.32}$$

在不与不同本征态混合的情况下，展开系数就是简谐运动的解 [$\omega^{(n)} = E^{(n)}/\hbar$]。

$$b_n(t) = b_n(0) e^{-i\omega^{(n)} t} \tag{9.33}$$

这与式（1.16）中展示的哈密顿算符不依赖于时间时的薛定谔方程的解的时间依赖部分是一致的。今天先到这里，明天再尝试进行实际的数值计算吧。

第10天

向量子阱注入电磁波

10.1 用最简单的体系检查龙格·库塔法的操作

今天我们将使用式（9.31）对量子阱中注入电磁波时电子的状态并进行数值计算。由于原本的 $b_n(t)$ 就是式（9.21）中的本征函数的展开系数，因此，比如我们可以将基态的概率指定为 100 %[$b_0(0)=1$]，其余状态的概率指定为 0 %（$n \neq 0$，$b_n=0$），以此作为初始状态，然后再使用式（9.31）对 $b_n(t)$ 的时间演化进行计算即可。

原来如此。那么我现在就使用在经典力学中学到的龙格 · 库塔法进行计算。为了检查龙格 · 库塔法是否能够顺利完成操作，我将对第 5 天学过的最为简单的势阱，用我们已经知道答案的没有电磁波时的情形进行确认。

10.1.1 检查基态的简谐运动的程序源码（Python）

如式（6.8）和式（6.9）所示，基态的能量是 $E_0=0.376$ eV，简谐运动的周期则是 $T_0=1.100\times10^{-14}$ s。接下来，我将使用龙格 · 库塔法对式（9.32）的时间演化进行计算。

程序源码 10.1 ●检查基态的简谐运动（quantumWell_SimpleHarmonicMotion.py）

```
（省略：导入相关模块） <---------------------------------------------------------- （5.3节）
（省略：物理常量） <-------------------------------------------------------------- （4.2节）

######################################
#   物理相关的设置
######################################
（省略：量子阱相关的参数） <-------------------------------------------------------- （5.2节）
# 时间间隔
dt = 10**-16 <-------------------------------------------------------------------- （※1-1）
# 计算步数
Tn = 300 <------------------------------------------------------------------------ （※1-2）
# 数据间的间距
skip = 1 <------------------------------------------------------------------------ （※2-1）

（省略：本征函数与本征能量） <------------------------------------------------------ （5.2节）

# 基态的周期
T0 = 2.0 * math.pi * hbar / Energy(0)
print( "E0 = " + str(Energy(0)/eV) + "[eV]")
print( "T0 = " + str(T0) + "[s]")

######################################
#   龙格•库塔类
######################################
class RK4:
    # 构造函数
    def __init__(self, DIM, dt):
        self.dt = dt
        self.DIM = DIM
        self.bn  = np.array([0+0j] * DIM)
        self.dbn = np.array([0+0j] * DIM)
        self.__a1 = np.array([0+0j] * DIM)
        self.__a2 = np.array([0+0j] * DIM)
        self.__a3 = np.array([0+0j] * DIM)
        self.__a4 = np.array([0+0j] * DIM)

    # 给定一阶微分的方法
    def Db(self, t, bn, out_bn ):
        for n in range(DIM):
            out_bn[n] = Energy(n) / (I * hbar) * bn[n]  <-------------------------- 式（9.32）

    # 计算时间演化的方法
    def timeEvolution(self, t):
        # 第一步
        self.Db( t, self.bn, self.__a1 )
```

```
        # 第二步
        self.Db( t, self.bn + self.__a1 * 0.5 * self.dt, self.__a2 )
        # 第三步
        self.Db( t, self.bn + self.__a2 * 0.5 * self.dt, self.__a3 )
        # 第四步
        self.Db( t, self.bn + self.__a3 * self.dt, self.__a4 )
        # 差分的计算
        self.dbn = (self.__a1 + 2.0 * self.__a2 + 2.0 * self.__a3
                                        + self.__a4) * self.dt / 6.0

# 准备用于绘制图表的数组
ts = []  <-------------------------------------------------------------------------- (※3-1)
b0s = []  <------------------------------------------------------------------------- (※3-2)

# 生成龙格•库塔类的实例
rk4 = RK4(DIM, dt)
# 初始状态的设置
rk4.bn = np.array(
    [ 1.0+0.0j,  # 基态  <------------------------------------------------------------ (※4-1)
      0.0+0.0j,  # 第一激发态  <------------------------------------------------------ (※4-2)
      0.0+0.0j ] # 第二激发态  <------------------------------------------------------ (※4-3)
)

###计算展开系数的时间依赖性
for tn in range(Tn+1):
    # 实际时间
    t_real = dt * tn
    # 获取计算结果
    if( tn % skip == 0 ):  <---------------------------------------------------------- (※2-2)
        # 获取时间
        ts.append( tn )
        # 获取基态的展开系数
        b0s.append( rk4.bn[0] )

    # 基于龙格•库塔法的时间演化
    rk4.timeEvolution( t_real )  <---------------------------------------------------- (※5-1)
    # 更新展开系数
    rk4.bn += rk4.dbn  <-------------------------------------------------------------- (※5-2)

### 绘制图表
plt.title("Expansion coefficient at time")
plt.xlabel("time[s]")
plt.ylabel("Expansion coefficient")
# 设置绘制范围
plt.xlim([0,Tn/skip])
plt.ylim([-1,1])
```

```
# 绘制图表
plt.plot(ts, np.real(b0s), marker="o" , linewidth=3.0)
plt.plot(ts, np.imag(b0s), marker="o",  linewidth=3.0)
# 显示图表
plt.show()
```

（※1） 将刻度设置为一个周期在 1/100 s 左右，将计算步数（Tn）设置为 300，以绘制出约三个周期的图表。

（※2） 当总计算步数变大时，就不是将总计算数据输出，而是需要进行抽样处理。因此，我们只在计算步数为 skip 的整数倍时才会输出计算的数据。

（※3） 声明一个用于保存时间和该时间点的展开系数的值（复数）的数组。

（※4） 此处设置展开系数的初始值。将基态的展开系数设置为 $b_0 = 1$，其余设置为 0。

（※5） 调用 timeEvolution 方法，就可以将当前步长的值 bn 和下一步的差值保存到 dbn 属性（数组）中。接着，就是对 bn 进行更新了。

10.1.2 检查计算结果

图 10.1 中展示的就是基态的展开系数的实部和虚部的时间变化过程。如式（9.33）所示，可以看到它们是以周期 $T_0 = 110.0 \times 10^{-16}$ s 进行简谐运动的。

图 10.1 ●基态的展开系数的实部与虚部的时间变化过程

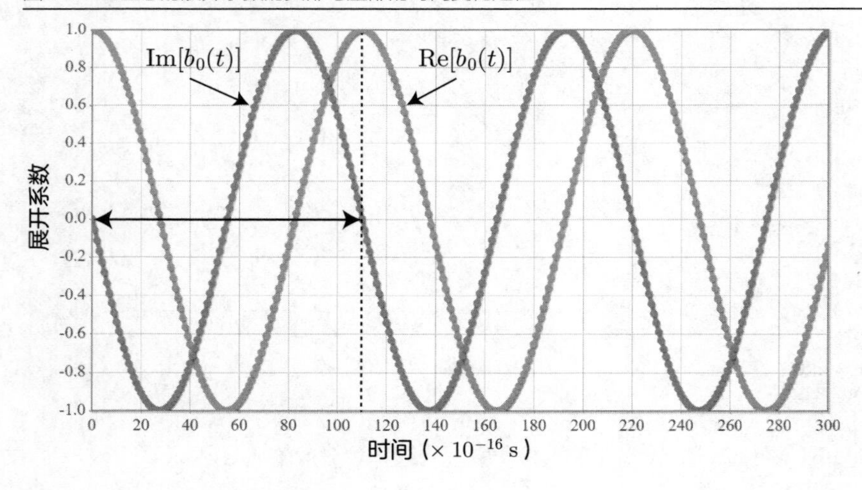

10.2 检查 X_{nm} 的计算

接下来，需要在计算时间演化之前，集中对式（9.31）所需的 X_{nm} 进行计算。由于这一计算实质上与 7.1 节中的计算相同，因此只要展示计算结果就可以了。

的确如此。只要将表示数值积分的被积函数的程序源码（※2）的 verphi (n1, x) *(V(x, Ex)) * verphi(n2, x) / eV 替换成 verphi(n1, x) *x * verphi(n2, x) 就可以了。

X_{nm} 的计算结果

接下来要展示的是以空格为间隔符将 n 、m 、X_{nm} 的值输出到控制台后的结果。为了使计算结果易于理解，我们将积分值除以 $L=10^{-9}$，然后再将小于 10^{-9} 的值显示为 0。此外，由于积分范围相对于原点对称，因此 X_{nm} 的被积函数 $\varphi^{(m)^*}(x)x\varphi^{(n)}(x)$ 是奇函数 n 和 m 的组合，而被积函数则是 0。x 是奇函数，而 $\varphi^{(n)}(x)$ 则是当 n 为偶数时是偶函数，为奇数时是奇函数，因此当 n 和 m 都是偶数或者都是奇数时，整个函数就都是奇函数。

```
(0, 0)  0.0
(0, 1)  -0.18012654869748937
(0, 2)  0.0
(0, 3)  -0.014410123895799154
(1, 0)  -0.18012654869748934
(1, 1)  0.0
(1, 2)  -0.1945366725932885
(1, 3)  0.0
(2, 0)  0.0
(2, 1)  -0.1945366725932885
(2, 2)  0.0
(2, 3)  -0.19850680876865306
(3, 0)  -0.014410123895799189
(3, 1)  0.0
(3, 2)  -0.19850680876865306
(3, 3)  0.0
```

10.3 通过电磁波模拟状态跃迁

接下来，我们将根据式（9.31）对展开系数的时间演化进行计算。即使通过式（9.29）给出表示电磁波的向量势，仍然还是有两个自由度的，那就是向量势的振幅 A_0 和电磁波的角频率 ω。如爱因斯坦关系 [式（1.17）] 所示，ω 对应于光子的能量，A_0 则与光子的数量成正比。虽然将电磁波注入电子会使电子因受到由电磁波构成的电场的影响而产生震动，进而其能量也随之变化，但是这也并不表示任何射入的光子的能量都可以。如式（6.7）所示，由于量子阱中的电子只能取离散的值，因此为基态的电子提供能量并跃迁到激发态时，就需要射入具有与基态和激发态的本征能量的差值大小相同的能量的光子。也就是说，将第 n 激发态和第 m 激发态的本征能量指定为 $E^{(n)}$ 和 $E^{(m)}$ 时，光子的角频率就是下列公式，即

$$\omega = \frac{E^{(n)} - E^{(m)}}{\hbar}$$

因此，基态的存在概率为 100 %，其他状态的存在概率为 0% 并作为初始状态，尝试入射具有基态和第一激发态的能量差的光子。

10.3.1 状态跃迁仿真（基态→ 激发态）的程序源码（Python）

注入具有与基态和激发态的能量差相对应的光子能量的电磁波，是转换电子的量子状态的一种至关重要的方法。在下一个程序源码 10.2 中，使用龙格 · 库塔法计算式 [式（9.31）] 之前，我会预先对所有组合的 X_{nm} 进行计算，然后再对展开系数的时间演化进行计算。此外，每种状态的存在概率都是 $|b_n(t)|^2$。

程序源码 10.2 ●状态跃迁仿真（基态→ 激发态）(quantumWell_rabi.py)

```
（省略：导入相关模块） <---------------------------------------------------------------- (5.3节)
（省略：物理常量） <-------------------------------------------------------------------- (4.2节)

########################################
# 物理相关的设置
########################################
（省略：量子阱相关的参数） <------------------------------------------------------------ (5.2节)
# 状态数
n_max = 3
# 矩阵的元素数量
DIM = n_max + 1 <----------------------------------------------------------------------- (※1-1)
（省略）
```

```
# 时间间隔
dt = 10**-18
# 计算步数
Tn = 3000000  <------------------------------------------------------------------ (※1-2)
# 数据间的间距
skip = 10000  <------------------------------------------------------------------ (※1-3)

# 注入电磁波向量势的振幅
A0 = 1.0E-8;  <-------------------------------------------------------------------- (※2)

（省略：本征函数）  <---------------------------------------------------------- (5.2节)
（省略：本征能量）  <---------------------------------------------------------- (7.2节)

# 计算被积函数（Xmn）
def integral_Xnm(x, n1, n2):
    return verphi(n1 ,x) * x * verphi(n2, x)  <------------------------------ 式(9.30)

########################################
#   龙格•库塔类
########################################
class RK4:
    # 构造函数
    def __init__(self, DIM, dt):
        （省略：初始化属性）  <------------------------------------------------ (10.1节)
        # 准备二维数组
        Xnm = [0+0j] * DIM
        for i in range( DIM ):
            Xnm[ i ] = [0+0j] * DIM
        self.Xnm = np.array(Xnm)  <-------------------------------------------- 式(9.30)
        （省略）

    # 给定一阶微分的方法
    def Db(self, t, bn, out_bn ):
        for n in range(DIM):
            # 对角元素
            out_bn[n] = Energy(n) / (I * hbar) * bn[n]  <-------------------- 式(9.31)
            # 非对角元素
            for m in range(DIM) :
                out_bn[n] += A0 * e / hbar / hbar * math.cos( self.omega * t ) * (
                    Energy(n) - Energy(m)) * self.Xnm[n][m] * bn[m];  <------ 式(9.31)

    （省略：timeEvolution方法）

# 能量差
dE = Energy(1) - Energy(0);
# 能量差对应的光子的角频率
```

```
omega = dE / hbar;
# 电磁波的波长
_lambda =  2.0 * math.pi * c / omega;

print( "能量（基态）" + str( Energy(0) / eV ) + "[eV]" )
print( "能量（激发态）" + str( Energy(1) / eV ) + "[eV]" )
print( "能量差" + str( dE /eV ) + "[eV]" )
print( "能量差对应的光子的角频率" + str( omega ) + "[rad/s]" )
print( "能量差对应的光子的角频率的周期"
                              + str( 2.0 * math.pi / omega  ) + "[s]" )
print( "电磁波的波长" + str( _lambda / 1.0E-9  ) + "[nm]" )

######################################
# 开始计算
######################################

# 生成龙格 · 库塔法类的实例
rk4 = RK4(DIM, dt)
# 电磁波的角频率
rk4.omega = omega;
# 注入电磁波向量势的振幅
rk4.A0 = A0;

### Xnm的计算
for n1 in range(n_max + 1):
    for n2 in range(n_max + 1):
        # 高斯 · 勒让德积分
        result = integrate.quad(
            integral_Xnm,    # 被积函数
            x_min, x_max,    # 积分区间的下端和上端
            args=(n1, n2)    # 传递给被积函数的参数
        )
        real = result[0]
        imag = 0
        # 矩阵元素
        rk4.Xnm[n1][n2] = real + 1j * imag  < ------------------------------------------ （※3）

        if( abs(real / L) < L ): real = 0
        # 输出到终端
        print( "(" + str(n1) + ", " + str(n2) + ")  " + str( real / L ))

（省略：初始化及初始值的设置）  < ------------------------------------------------------- （10.1节）

# 准备用于绘制图表的数组
ts = []
b0s = []
```

```
b1s = []

### 计算展开系数的时间依赖性
for tn in range(Tn+1):
    # 实际时间
    t_real = dt * tn
    # 计算结果的获取
    if( tn % skip == 0 ):
        print("t =" + str(tn / skip) + "  " + str(abs(rk4.bn[0])**2))
        # 时间的获取
        ts.append( tn / skip )
        # 基态的存在概率
        b0s.append( abs(rk4.bn[0])**2 )  <-------------------------------------------- (※4-1)
        # 第一激发态的存在概率
        b1s.append( abs(rk4.bn[1])**2 )  <-------------------------------------------- (※4-2)

    # 基于龙格·库塔法的时间演化
    rk4.timeEvolution( t_real )
    # 更新展开系数
    rk4.bn += rk4.dbn

### 绘制图表
plt.title("Expansion coefficient at time")
plt.xlabel("time[s]")
plt.ylabel("Expansion coefficient")
# 设置绘制范围
plt.xlim([0,Tn/skip])
plt.ylim([0,1])
# 绘制图表
plt.plot(ts, b0s, marker="o" , linewidth=3.0)
plt.plot(ts, b1s, marker="o",  linewidth=3.0)
# 显示图表
plt.show()
```

(※1) 虽然龙格·库塔法的时间间隔是 10^{-18} s，但是计算结果是以每 10000 次输出的。因此，输出的数据的时间间隔是 10^{-14} s。

(※2) 向量势的强度 A_0 越大，单位时间的变化率就越大。

(※3) X_{nm} 的积分结果保存在 RK4 类的 Xnm 属性中。

(※4) 输出基态和激发态在每个时间点的存在概率。

0 1 2 3 4 5 6 7 8 9 10 11 12 13 14

图 10.2 ●基态与激发态的存在概率的时间依赖性

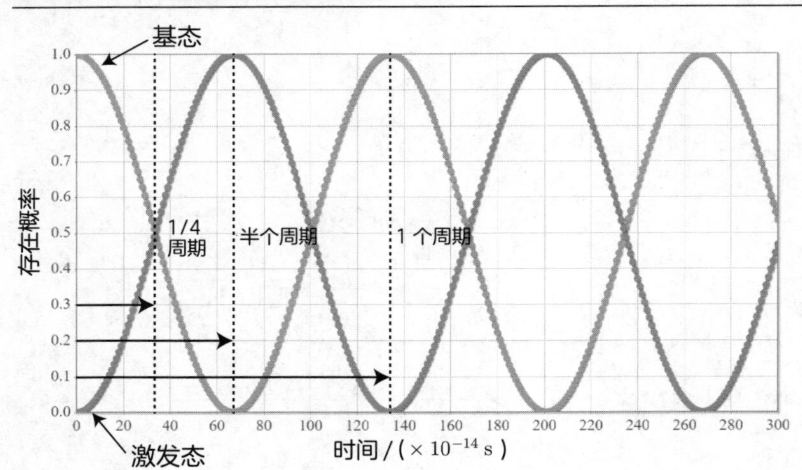

10.3.2 检查计算结果

看来已经计算出基态和激发态的存在概率的时间依赖性了（图 10.2）。从基态的存在概率为 100 %、激发态的存在概率为 0 % 的初始状态开始，随着时间的推移，基态的存在概率逐渐降低，同时激发态的存在概率则相应增加。在时间为 60×10^{-14} s 时，基态的存在概率为 0%，激发态的存在概率为 100 % ，与初始状态完全反转过来了。之后，存在概率会以相同的时间间隔发生振荡。也就是说，入射与能量差对应的角频率的电磁波，不仅会导致量子从低能态到高能态的跃迁（吸收），相反，也会出现从高能态跃迁到低能态的现象（受激发射）。这种存在概率的振荡被称为拉比振荡。此外，恰好相当于振荡的一个周期的时间间隔的电磁波被称为 2π 脉冲；相当于半个周期的时间间隔的电磁波则被称为 π 脉冲；相当于 1/4 个周期的时间间隔的电磁波则被称为 $\pi/2$ 脉冲。在基态的存在概率为 100 % 的状态中入射 $\pi/2$ 脉冲后，基态和激发态的存在概率正好分别为 50%。这是我们在后面将要讲解的用于产生一种名为“量子纠缠”的特殊状态时需要使用的非常重要的一种操作，因此请大家一定要牢记这个知识点。

10.4 检查角频率偏移时的拉比振荡

在 10.3 节中，我们注入了与基态和激发态的能量差完全吻合的角频率对应的电磁波。接下来，我们将尝试将这个角频率稍微偏移，看看会发生什么情况。这样一来，我们就能够理解注入电磁波的角频率有多么重要了。

检查计算结果

好的。事不宜迟，我赶紧用刚才的程序确认将入射的角频率分别指定为 0.999 倍、0.995 倍、0.990 倍和 0.980 倍时拉比振荡会发生什么变化。结果如图 10.3 所示。只偏移 0.1% 居然就能够使状态切换变得很不彻底；如果偏移了 1 %，状态跃迁概率就只有 8 % 左右了。

图 10.3 ●入射角频率稍有偏移时存在概率的时间依赖性

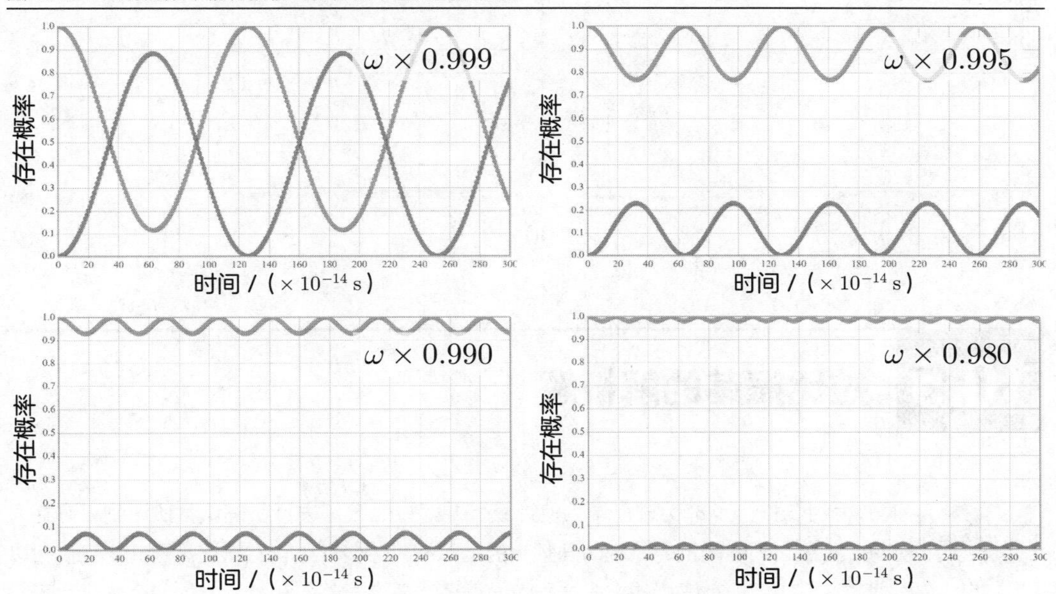

正是如此。即使入射的角频率稍有偏移，状态跃迁概率也会迅速地降低。这种只有在特定角频率下发生的状态跃迁被称为共振现象，这个特定的角频率则被称为共振角频率。

在图 10.4 中，横轴是入射角频率 ω 除以基态和激发态的能量差对应的角频率 ω_{01} 得到的百分比，纵轴是基于拉比振荡的跃迁概率的最大值。可以看到只有在非常狭窄的范围内才会发生共振现象。因此，虽然量子阱存在很多能级，但是由于只在距离共振角频率很近的地方才会发生共振现象，因此只会引发目标能级之间的状态跃迁。

图 10.4 ●最大跃迁概率的角频率依赖性（quantumWell_rabi_resonance.py）

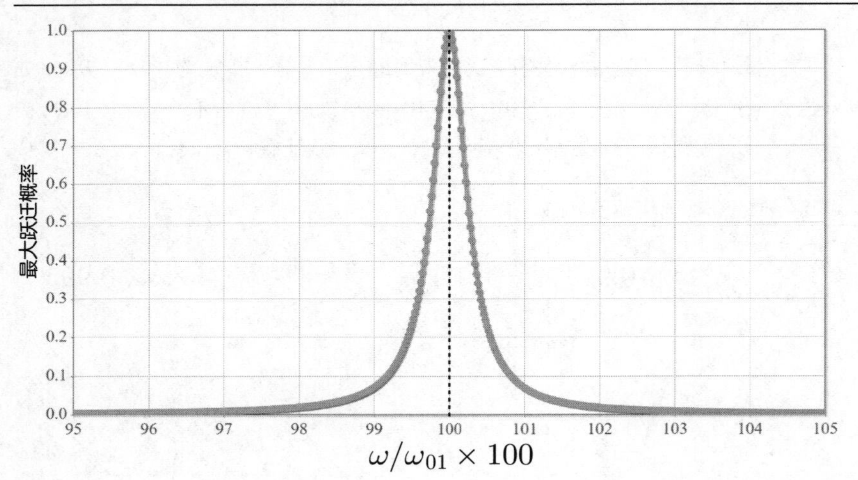

10.5 拉比振荡的解析解

前面，我们对式（9.31）进行了数值计算，并对拉比振荡进行了确认，认识到只有在入射两个能级之间的能量差对应的角频率的电磁波时才会发生状态跃迁。因此，我们可以根据这个事实，通过解析的方式推导拉比振荡。只考虑基态和激发态的两个能级，用下列公式表示波函数，即

$$\psi(x,t) = b_0(t)\varphi^{(0)}(x) + b_1(t)\varphi^{(1)}(x) \tag{10.1}$$

对式（9.31）的微分方程进行求解。此时，所有的能量都是角频率，写成 $\omega^{(0)} = E^{(0)}/\hbar$，$\omega^{(0)} = E^{(1)}/\hbar$ 之后，就更加一目了然了。

我知道了。编写出式（9.31）的微分方程，就是下列形式，即

$$\frac{db_0(t)}{dt} = -i\omega^{(0)}\, b_0(t) + \frac{eA_0}{\hbar}\cos(\omega t)\left(\omega^{(0)} - \omega^{(1)}\right) X_{01}\, b_1(t) \tag{10.2}$$

$$\frac{db_1(t)}{dt} = -i\omega^{(1)}\, b_1(t) + \frac{eA_0}{\hbar}\cos(\omega t)\left(\omega^{(1)} - \omega^{(0)}\right) X_{10}\, b_0(t) \tag{10.3}$$

虽然X_{01}，X_{10}可以通过式（9.30）给出，但是由于波函数是实数，都是相同的值，因此就是$X_{01}=X_{10}$。将常量部分集中起来定义为下列公式，即

$$\Omega \equiv \frac{eA_0}{\hbar}\left(\omega^{(1)}-\omega^{(0)}\right)X_{01} \tag{10.4}$$

再将三角函数转换为指数函数

$$\cos(\omega t)=\frac{1}{2}\left[e^{i\omega t}+e^{-i\omega t}\right]$$

式（10.2）和式（10.3）的右边第一项表示各能级的简谐运动，按照下列方式进行转换就可以将其消除，即

$$b_0(t)=\bar{b}_0(t)e^{-i\omega^{(0)}t} \tag{10.5}$$

$$b_1(t)=\bar{b}_1(t)e^{-i\omega^{(1)}t} \tag{10.6}$$

将此公式代入式（10.2）和式（10.3）中，有

$$\omega_{10}\equiv\omega^{(1)}-\omega^{(0)}$$

重新进行定义和整理，就可以得到下列公式，即

$$\frac{d\bar{b}_0(t)}{dt}=-\Omega\left(e^{i(\omega-\omega_{10})t}+e^{-i(\omega+\omega_{10})t}\right)\bar{b}_1(t) \tag{10.7}$$

$$\frac{d\bar{b}_1(t)}{dt}=\Omega\left[e^{i(\omega+\omega_{10})t}+e^{-i(\omega-\omega_{10})t}\right]\bar{b}_0(t) \tag{10.8}$$

如果在这里考虑将入射电磁波的角频率对应两个能级之间的能量差（$\omega=\omega_{12}$）那么原来的微分方程就会转换成如下形式，即

$$\frac{d\bar{b}_0(t)}{dt}=-\Omega\left(1+e^{-2i\omega t}\right)\bar{b}_1(t) \tag{10.9}$$

$$\frac{d\bar{b}_1(t)}{dt}=\Omega\left(e^{2i\omega t}+1\right)\bar{b}_0(t) \tag{10.10}$$

如果没有$e^{-2i\omega t}$和$e^{2i\omega t}$，那么就可以很简单地求解了。到目前为止，我们除了考虑两个能级之外，并没有特地生成近似表达式，这个项是可以忽略的吗？

你尝试进行式（10.7）的积分运算，就会很明确地知道哪个项是重要的了。

$$\begin{aligned}\bar{b}_0(t) &= -\Omega\int_0^t\left\{e^{i(\omega-\omega_{10})t}+e^{-i(\omega+\omega_{10})t}\right\}\bar{b}_1(t)dt\\ &= -\Omega\left[\left\{\frac{e^{i(\omega-\omega_{10})t}}{i(\omega-\omega_{10})}+\frac{e^{-i(\omega+\omega_{10})t}}{-i(\omega+\omega_{10})}\right\}\bar{b}_1(t)\right]_0^t\\ &\quad+\Omega\int_0^t\left\{\frac{e^{i(\omega-\omega_{10})t}}{i(\omega-\omega_{10})}+\frac{e^{-i(\omega+\omega_{10})t}}{-i(\omega+\omega_{10})}\right\}\frac{d\bar{b}_1(t)}{dt}\,dt\end{aligned}$$

我们需要考虑将 $\omega=\omega_{10}$ 代入上述公式。但是由于 $e^{i(\omega-\omega_{10})}$ 项的分母中存在 $\omega-\omega_{10}$，因此看上去是会发散的。虽然实际上并没有发散，但是 $e^{-i(\omega+\omega_{10})t}$ 项与 $e^{i(\omega-\omega_{10})}$ 相比，由于它足够小，因此即使忽略它也没有问题。也就是说，式（10.9）中的 $e^{2i\omega t}$ 和式（10.10）中的 $e^{-2i\omega t}$ 可以忽略不计。此外，如果是电磁波的传播方向相反时所对应的 $\omega=-\omega_{10}$，那么 $e^{i(\omega-\omega_{10})}$ 项就可以忽略了。

原来如此。这样考虑的话，那么式（10.9）和式（10.10）就可以变成如下形式，即

$$\frac{d\bar{b}_0(t)}{dt}=-\Omega\,\bar{b}_1(t) \tag{10.11}$$

$$\frac{d\bar{b}_1(t)}{dt}=\Omega\,\bar{b}_0(t) \tag{10.12}$$

使用 t 对式（10.11）进行一次微分之后，再将式（10.12）代入，就可以得到我们熟悉的二阶微分方程。

$$\frac{d^2\bar{b}_0(t)}{dt^2}=-\Omega^2\,\bar{b}_0(t)$$

这个解是简谐运动，一般解则是下列形式，即

$$\bar{b}_0(t)=Ae^{i\Omega t}+Be^{-i\Omega t} \tag{10.13}$$

$\bar{b}_1(t)$ 根据式（10.11）得到下列公式，即

$$\bar{b}_1(t)=\frac{1}{-\Omega}\,\frac{d\bar{b}_0(t)}{dt}=-i\left[Ae^{i\Omega t}-Be^{-i\Omega t}\right] \tag{10.14}$$

给出 $\bar{b}_0(0)$、$\bar{b}_1(0)$ 作为 A，B 的初始条件：

$$\bar{b}_0(0) = A + B, \quad \bar{b}_1(0) = -i\,[A - B]$$

根据上述联立方程就可以得到下列结果，即

$$A = \frac{1}{2}\left[\bar{b}_0(0) + i\bar{b}_1(0)\right], \quad B = \frac{1}{2}\left[\bar{b}_0(0) - i\bar{b}_1(0)\right]$$

将这些结果代入式（10.13）和式（10.14）中，$\bar{b}_0(t)$、$\bar{b}_1(t)$ 就是如下所示的形式，即

$$\bar{b}_0(t) = \bar{b}_0(0)\cos\Omega t - \bar{b}_1(0)\sin\Omega t = \cos(\Omega t + \phi)$$

$$\bar{b}_1(t) = \bar{b}_1(0)\cos\Omega t + \bar{b}_0(0)\sin\Omega t = \sin(\Omega t + \phi)$$

$$\cos\phi = \frac{b_0}{\sqrt{|b_0|^2 + |b_1|^2}}, \quad \sin\phi = \frac{b_1}{\sqrt{|b_0|^2 + |b_1|^2}} \tag{10.15}$$

考虑 $\bar{b}_0(0) = b_0(0)$ 和 $\bar{b}_1(0) = b_1(0)$，式（10.1）的波函数的两个展开系数就可以由式（10.5）和式（10.6）确定，即

$$b_0(t) = \cos(\Omega t + \phi)e^{-i\omega^{(0)}t} \tag{10.16}$$

$$b_1(t) = \sin(\Omega t + \phi)e^{-i\omega^{(1)}t} \tag{10.17}$$

每个状态的存在概率是由绝对值的平方给出的。为了与 10.3 节的数值计算结果匹配，考虑初始状态为基态 100 %[$b_0(0) = 1$, $b_1(0) = 0$] 时，$\phi = 0$，因此可以得到下列结果，即

$$|b_0(t)|^2 = \cos^2\Omega t, \quad |b_1(t)|^2 = \sin^2\Omega t \tag{10.18}$$

原来拉比振荡的图形是三角函数的平方呀！

由于式（10.18）的周期中包含平方，因此是 $T_{2\pi} = \pi/\Omega$。要记得不能与除去简谐运动部分的相位变化后得到的概率振幅的周期 $2\pi/\Omega$ 相混淆。

第11天

实现一个量子位门

11.1 通过改进版量子阱确认拉比振荡

今天，我们将第 8 天完成的改进版量子阱作为一个量子位来考虑，然后再通过对其施加电磁波改变状态的方式来实现一个量子门。接下来，我们先对一个量子位的参数进行汇总。

- 量子阱的宽度：$L = 1$ nm（1.0×10^{-9} m）
- 量子阱中心势垒的宽度：$W = L/5$
- 量子阱中心势垒的高度：$V_H = 30$ eV
- 静电场的强度：$E_x = 1.0 \times 10^8$ V/m

此时的基态和激发态的本征能量是 $E^{(0)} = 1.885$ eV 和 $E^{(1)} = 1.941$ eV。作为复习，顺便对表示基态的 $|0\rangle$ 和表示激发态的 $|1\rangle$ 的空间分布进行计算。然后，再根据第 10 天的流程对计算入射电磁波时的展开系数的时间演化所需的 X_{nm} 进行计算。

使用 quantumWell_withBarrier_StarkEffect.py 的代码固定静电场的强度就可以了。假设对改进版量子阱施加静电场时的本征函数被称为“一个量子位本征函数”，然后准备下列函数：第一个参数是 $n = 0$，表示基态；第二个参数是 $n = 1$，表示激发态。假设第二个参数是位置，第三个参数是展开系数（二维数组），第四个参数是展开系数的项数。接下来，就需要使用这个函数对基态和激发态的概率分布（图 11.1）进行计算。

程序源码 11.1 ●一个量子位本征函数（1Qbit_Eigenfunction.py）

```
# 施加静电场后的本征态
def Qbit_verphi(n, x, an, n_max):
    phi = 0
    # 整个状态的叠加
    for m  in range(n_max + 1):
        phi += an[n][m] * verphi(m, x)  <------------------------------------------ 式（6.25）

    return phi  <--------------------------------------------------------------------- （※）
```

（※）　由于类似量子阱那样被束缚的本征态是实数，因此无须考虑虚部。

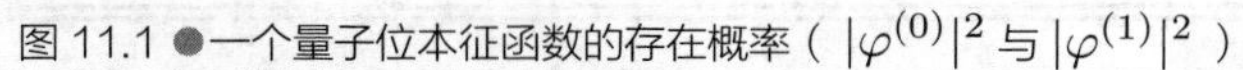

图 11.1 ●一个量子位本征函数的存在概率（ $|\varphi^{(0)}|^2$ 与 $|\varphi^{(1)}|^2$ ）

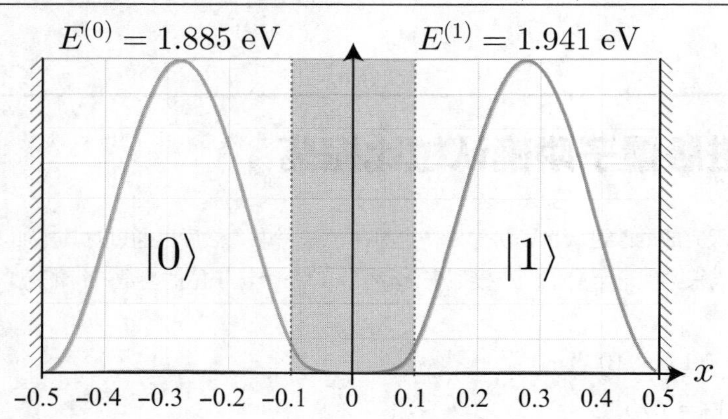

然后，使用 Qbit_verphi 函数对用于计算式（9.30）中的 X_{nm} 的被积函数进行如下定义。

程序源码 11.2 ●用于计算 X_{nm} 的被积函数（1Qbit_Xnm.py）

```
# 被积函数（用于计算Xmn）
def integral_Xnm(x, n1, n2, n_max, an):
    return Qbit_verphi(n1, x, an, n_max) * x * Qbit_verphi(n2, x, an, n_max)
                                                               <------------------ 式（9.30）
```

由于这次我们只考虑基态和激发态这两种状态，因此需要对 X_{00}，X_{01}，X_{10}，X_{11} 这四项进行计算。

程序源码 11.3 ● X_{nm} 的计算（1Qbit_Xnm.py）

```
### 矩阵元素（Xnm）的计算
N = 2
for n1 in range(N):
    for n2 in range(N):
        # 高斯•勒让德积分
        result = integrate.quad(
            integral_Xnm,                    # 被积函数
            x_min, x_max,                    # 积分区间的下端和上端
            args=(n1, n2, n_max, vectors) # 传递给被积函数的参数
        )
        real = result[0]
        imag = 0
        if( abs(real / L) < L ): real = 0
        # 输出到终端
        print( "(" + str(n1) + ", " + str(n2) + ")  " + str( real / L ))
```

好了。准备工作已经到位了。接下来，为了让这两个能级的状态能够来回跃迁，将入射电磁波的角频率指定为下列公式，即

$$\omega_{01} = \frac{E^{(1)} - E^{(0)}}{\hbar} \quad (11.1)$$

对拉比振荡进行计算吧！但是这两个能级的能量差与第 10 天的能量差相比只有其 1/20 左右，因此需要加大时间尺度。

我知道了。我会将第 10 天开发的程序源码 10.2（quantumWell_rabi.py）的 RK4 类修改为改进版的量子阱。为了求解式（9.31）的常微分方程，需要使用两个能级的本征能量，因此就需要准备一个数组将本征能量保存到属性中。由于这次只处理两个能级，因此 $N = 2$。

程序源码 11.4 ●改进版量子阱的 RK4 类（1Qbit_Xnm_rabi.py）

```
class RK4:
    # 构造函数
    def __init__(self, N, dt):
        （省略：属性的初始化） < ------------------------------------------------------- （10.3节）
        self.Energy = [0] * N
        # 准备二维数组
        Xnm = [0+0j] * N
        for i in range( N ):
            Xnm[ i ] = [0+0j] * N
```

```
        self.Xnm = np.array( Xnm )
        （省略）

    # 给定一阶微分的方法
    def Db(self, t, bn, out_bn ):
        for n in range( N ):
            # 对角元素
            out_bn[n] = self.Energy[n] / (I * hbar) * bn[n]
            # 非对角元素
            for m in range( N ):
                out_bn[n] += self.A0 * e / hbar / hbar * math.cos(self.omega * t)
                                    └ * (self.Energy[n] - self.Energy[m])
                                    └ * self.Xnm[n][m] * bn[m]  <--------------------- 式（9.31）

    （省略：timeEvolution方法）
```

然后再生成这个 RK4 类的对象，给定所需的属性来对时间演化进行计算。需要注意的是，由于在之前计算的本征能量的单位是 eV，因此要注意别忘记对用于进行单位换算的常量（eV）进行乘法运算。

程序源码 11.5 ●属性的设置（1Qbit_Xnm_rabi.py）

```
### 通过龙格•库塔法计算时间演化
# 生成龙格•库塔类的实例
rk4 = RK4(N, dt)
# 电磁波的角频率
rk4.omega = (EigenValues[1] - EigenValues[0]) * eV / hbar  <-------------------------- 式（11.1）
# 入射电磁波向量势的振幅
rk4.A0 = A0
# 能量本征值
rk4.Energy[0] = eigenvalues[0] * eV
rk4.Energy[1] = eigenvalues[1] * eV
# 矩阵元素
rk4.Xnm[n1][n2] = ○○○○  <----------------------------------------------保存 X_nm 的计算结果
（省略后面的内容） < ------------------------------------------------------------------（10.3节）
```

最后，我们将计算结果展示在图 11.2 中。π脉冲对应的时间是 $T_\pi = 64$ ps，与第 10 天相比，大约花费了 100 倍的时间。不过由于这个时间与入射电磁波的强度成反比，因此具体的时间本身并无任何意义。

图 11.2 ●一个量子位（改进版量子阱）中基态和激发态的拉比振荡

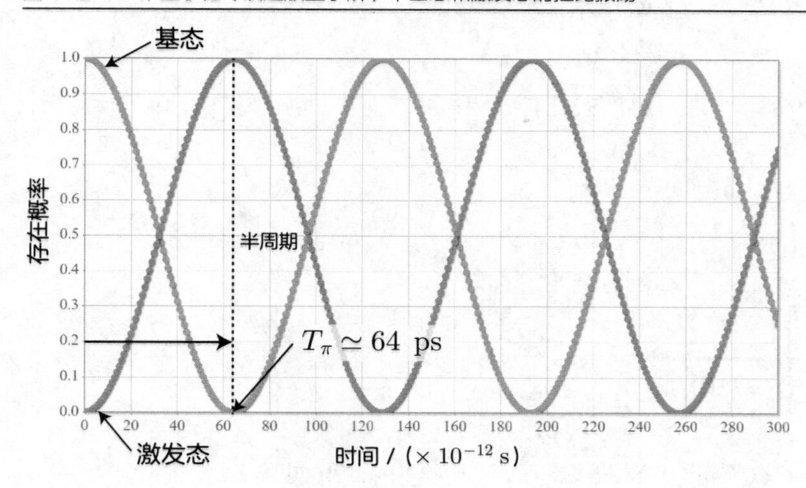

11.2 关于一个量子位的基本量子门

到目前为止，我们通过对改进版量子阱中的电子，时而施加静电场，时而施加电磁波的方式，对量子的状态进行了操控。如果可以从外部操控量子态，那么任何物理体系都可以作为量子位使用啦。因此，我们将忽略量子位的物理体系的具体细节，将两个量子态用 $|0\rangle$ 和 $|1\rangle$ 表示，对控制量子位的操作，即量子门进行讲解。用数学方式描述这个量子门的最简单的方法就是使用矩阵。将刚刚的两个量子态 $|0\rangle$ 和 $|1\rangle$ 分别用包含两个元素的垂直向量表示，则为

$$|0\rangle = \begin{pmatrix}1\\0\end{pmatrix},\quad |1\rangle = \begin{pmatrix}0\\1\end{pmatrix}$$

单个量子位的任何状态就都可以用下列公式表示

$$|\psi\rangle = a_0|0\rangle + a_1|1\rangle = a_0\begin{pmatrix}1\\0\end{pmatrix} + a_1\begin{pmatrix}0\\1\end{pmatrix} = \begin{pmatrix}a_0\\a_1\end{pmatrix}$$

式中：a_0 和 a_1 是每个本征态对应的展开系数；$|a_0|^2$ 和 $|a_1|^2$ 则是每个状态的存在概率。一个量子位的量子门可以用由两个元素构成的垂直向量转换而成的 2 行 2 列的矩阵表示。假设表示量子门的矩阵是 $\boldsymbol{U}$，转换后的状态是 $|\psi'\rangle$，就可以得到下列公式，即

$$|\psi'\rangle = \boldsymbol{U}|\psi\rangle = \begin{pmatrix} a'_0 \\ a'_1 \end{pmatrix}$$

接下来，我们将按照简单的顺序，对“恒等门”“相移门”“非门”“阿达玛门”四种具体的量子门进行介绍。

11.2.1 恒等门 *I*

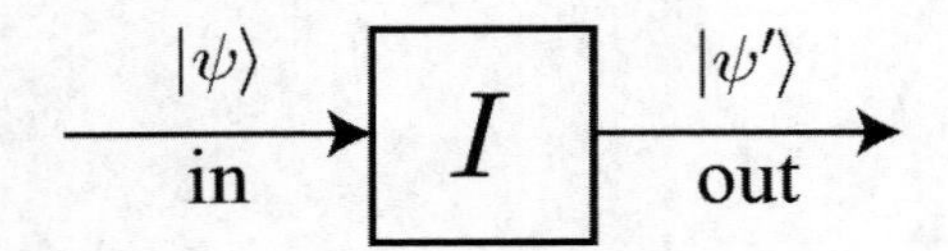

恒等门 $\boldsymbol{I}$ 是一个输入状态与输出状态相等的量子门。矩阵可以用单位矩阵表示，即

$$\boldsymbol{I} = \begin{pmatrix} 1 & 0 \\ 0 & 1 \end{pmatrix}$$

当然，通过量子门之后的状态 $|\psi'\rangle$ 跟通过之前的状态 $|\psi\rangle$ 是一致的，则

$$\begin{pmatrix} a'_0 \\ a'_1 \end{pmatrix} = \begin{pmatrix} 1 & 0 \\ 0 & 1 \end{pmatrix} \begin{pmatrix} a_0 \\ a_1 \end{pmatrix} = \begin{pmatrix} a_0 \\ a_1 \end{pmatrix}$$

11.2.2 相移门 $\boldsymbol{P}_\theta$

相移门 $\boldsymbol{P}_\theta$ 是一个使量子位的两个状态的相对相位发生偏移的量子门。矩阵可以用下列公式表示，即

$$\boldsymbol{P}_\theta = \begin{pmatrix} 1 & 0 \\ 0 & e^{i\theta} \end{pmatrix} \tag{11.2}$$

从下列计算可以看出，通过量子门之后，a_1 就会乘以相位因子 $e^{i\theta}$，即

$$\begin{pmatrix} a_0' \\ a_1' \end{pmatrix} = \begin{pmatrix} 1 & 0 \\ 0 & e^{i\theta} \end{pmatrix} \begin{pmatrix} a_0 \\ a_1 \end{pmatrix} = \begin{pmatrix} a_0 \\ a_1 e^{i\theta} \end{pmatrix}$$

11.2.3 非门 *X*

非门 $\boldsymbol{X}$ 是一个使量子位的状态反转的量子门。矩阵可以用下列公式表示，即

$$\boldsymbol{X} = \begin{pmatrix} 0 & 1 \\ 1 & 0 \end{pmatrix}$$

从下列计算可以看出，通过量子门之后，矩阵元素是反转的，即

$$\begin{pmatrix} a_0' \\ a_1' \end{pmatrix} = \begin{pmatrix} 0 & 1 \\ 1 & 0 \end{pmatrix} \begin{pmatrix} a_0 \\ a_1 \end{pmatrix} = \begin{pmatrix} a_1 \\ a_0 \end{pmatrix}$$

11.2.4 阿达玛门 *H*

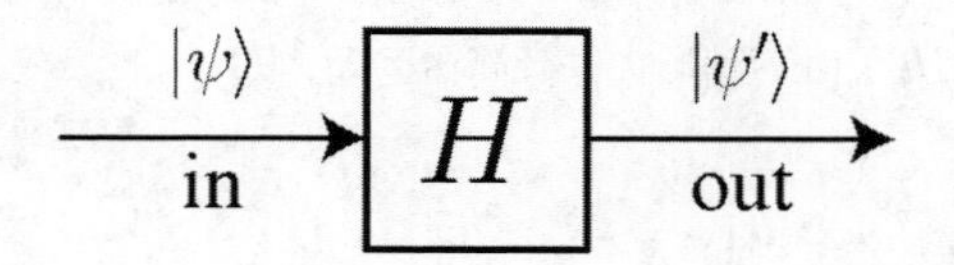

阿达玛门 $\boldsymbol{H}$ 是一个表示量子位的旋转的量子门。矩阵可以用下列公式表示，即

$$\boldsymbol{H} = \frac{1}{\sqrt{2}} \begin{pmatrix} 1 & 1 \\ 1 & -1 \end{pmatrix}$$

从下列计算可以看出，通过量子门之后，元素以相等的权重混合。由于$\boldsymbol{H}^2 = \boldsymbol{I}$，因此通过两次阿达玛门就会恢复到原来的状态，即

$$\begin{pmatrix} a_0' \\ a_1' \end{pmatrix} = \frac{1}{\sqrt{2}} \begin{pmatrix} 1 & 1 \\ 1 & -1 \end{pmatrix} \begin{pmatrix} a_0 \\ a_1 \end{pmatrix} = \frac{1}{\sqrt{2}} \begin{pmatrix} a_0 + a_1 \\ a_0 - a_1 \end{pmatrix}$$

接下来，我们将举例说明这个门的重要性。假设输入状态为 $a_0 = 1$、$a_1 = 0$（100 % $|0\rangle$ 的状态），就是下列形式，即

$$\begin{pmatrix} a'_0 \\ a'_1 \end{pmatrix} = \frac{1}{\sqrt{2}} \begin{pmatrix} 1 & 1 \\ 1 & -1 \end{pmatrix} \begin{pmatrix} 1 \\ 0 \end{pmatrix} = \frac{1}{\sqrt{2}} \begin{pmatrix} 1 \\ 1 \end{pmatrix}$$

也就是说，可以创建一个均匀混合的状态（ $|0\rangle$ 和 $|1\rangle$ 为各 50 % 的状态）。

事实证明，量子门可以通过使用矩阵的方式简单地进行描述。

11.3 量子门与物理操作的对应关系

好了，这样我们就可以对使用量子阱的量子位进行具体的设计了。请根据第 10 天所学习的内容，思考如何对刚才的四个量子门进行物理操作。不过，操作的顺序是“相移门”“恒等门”“非门”和“阿达玛门”。

11.3.1 对相移门的物理操作

排在第一个的相移门（ P_θ ）是使两个状态之间产生相位差。由于原本的两个状态是使用不同的频率（ $\omega^{(0)} = E^{(0)}/\hbar$，$\omega^{(1)} = E^{(1)}/\hbar$ ）以下列形式进行简谐运动，即

$$|\psi(t)\rangle = a_0 \, e^{-i\omega^{(0)}t}|0\rangle + a_1 \, e^{-i\omega^{(1)}t}|1\rangle$$

因此，这意味着仅仅只是随着时间推移，两个状态之间就会产生相位差。由于原本应用于整个波函数的系数是没有物理意义的，因此就可以使用下列形式，即

$$|\psi(t)\rangle = e^{-i\omega^{(0)}t}\left[a_0|0\rangle + a_1 \, e^{-i(\omega^{(1)}-\omega^{(0)})t}|1\rangle\right]$$

如果忽略了应用于整体的系数，那么式（11.2）对应的相移的参数就是下列形式，即

$$\theta = -(\omega^{(1)} - \omega^{(0)})t$$

11.3.2 对恒等门的物理操作

排在第二个的恒等门（ I ）并不代表什么都不做。它基于相移门满足$\theta = 2\pi m$（ m 是整数）的时间间隔，即

$$T_I = \frac{2\pi m}{\omega^{(1)} - \omega^{(0)}},\ (m = 0,\ 1,\ 2,\ \cdots)$$

直接与经过的时间对应。

11.3.3 对非门的物理操作

由于排在第三个的非门（ X ）用于调换基态和激发态的系数，因此需要利用拉比振荡。假设电磁波的照射时间为 T，虽然无论在式（10.15）和式（10.16）中如何查找，都无法找到满足$b_0(t+T) = b_1(t)$和$b_1(t+T) = b_0(t)$的T，但是仔细想想，指定$t' = t + 3\pi/2\Omega = t + T_{3\pi}$的话，就可以得到下列公式，即

$$\bar{b}_0(t') = \cos(\Omega t + \phi + \frac{3}{2}\pi) = \sin(\Omega t + \phi) \tag{11.3}$$

$$\bar{b}_1(t') = \sin(\Omega t + \phi + \frac{3}{2}\pi) = -\cos(\Omega t + \phi) \tag{11.4}$$

之后，只要能够将式（11.4）的符号反转即可。因此，通过相移门给出 $\theta = \pi$ 就可以了。但是由于在拉比振荡期间也会发生 $\Delta\theta = (\omega_1 - \omega_0)T_{3\pi}$ 的相移，所以必须考虑这一点。也就是说，非门可以通过 3π 脉冲的拉比振荡和满足下列公式的 T_1 的时间推移，即

$$(\omega_1 - \omega_0)(T_{3\pi} + T_1) = 2\pi m,\ (m = 1,\ 2,\ 3,\ \cdots)$$

以及满足下列公式

$$(\omega_1 - \omega_0)T_2 = \pi m,\ (m = 1,\ 2,\ 3,\ \cdots) \tag{11.5}$$

相位反转所需的时间 T_2 的时间经过就可以实现。

11.3.4 对阿达玛门的物理操作

由于排在第四个的阿达玛门（H）也用于调换基态和激发态的系数，因此也需要利用拉比振荡。假设电磁波的照射时间为T，即使用式（10.15）和式（10.16）对满足$b_0(t+T)=[b_0(t)+b_1(t)]/\sqrt{2}$和$b_1(t+T)=[b_0(t)-b_1(t)]/\sqrt{2}$的$T$进行求解，它也是不存在的。因此，我们暂且假设$t'=t+7\pi/4\Omega=t+T_{7/2\pi}$，就可以得到下列公式，即

$$\bar{b}_0(t')=\cos(\Omega t+\phi+\frac{7}{4}\pi)=\frac{1}{\sqrt{2}}\left[\cos(\Omega t+\phi)+\sin(\Omega t+\phi)\right] \tag{11.6}$$

$$\bar{b}_1(t')=\sin(\Omega t+\phi+\frac{7}{4}\pi)=\frac{1}{\sqrt{2}}\left[-\cos(\Omega t+\phi)+\sin(\Omega t+\phi)\right] \tag{11.7}$$

然后，与非门同样，只要能够将式（11.7）的符号反转即可。因此，阿达玛门可以用 $7\pi/2$ 脉冲的拉比振荡和满足下列公式的T_1的时间推移，即

$$(\omega_1-\omega_0)(T_{7\pi/2}+T_1)=2\pi m,\ (m=1,\ 2,\ 3,\ \cdots)$$

以及与式（11.5）相同的相位反转的时间推移T_2来表示。

11.4 实现一个量子位的完全单一门

综上所述，四个单一量子位的量子门与物理操作之间有了完整的对应关系。在这些量子门中，“相移门”和“阿达玛门”尤为重要。将这两个量子门组合起来，就可以从基态100 % 的状态中生成任意状态。请准备下列公式，即

$$\boldsymbol{U}=P_{\frac{\pi}{2}+\phi}HP_{\theta}H \tag{11.8}$$

并对下列公式进行具体的计算

$$|\psi'\rangle=\boldsymbol{U}|0\rangle \tag{11.9}$$

我知道了。只要将式（11.8）代入式（11.9）中，进行具体的计算就可以了，即

$$
\begin{aligned}
|\psi'\rangle &= P_{\frac{\pi}{2}+\phi} H P_\theta H|0\rangle = \frac{1}{\sqrt{2}} P_{\frac{\pi}{2}+\phi} H P_\theta(|0\rangle + |1\rangle) \\
&= \frac{1}{\sqrt{2}} P_{\frac{\pi}{2}+\phi} H(|0\rangle + \mathrm{e}^{\mathrm{i}\theta}|1\rangle) = \frac{1}{2} P_{\frac{\pi}{2}+\phi} \left[(1+\mathrm{e}^{\mathrm{i}\theta})|0\rangle + (1-\mathrm{e}^{\mathrm{i}\theta})|1\rangle\right] \\
&= \mathrm{e}^{\mathrm{i}\frac{\theta}{2}} \left[\cos\frac{\theta}{2}\,|0\rangle + \mathrm{e}^{\mathrm{i}\phi} \sin\frac{\theta}{2}\,|1\rangle\right]
\end{aligned}
$$

的确，如果对基态 100 %（ $|0\rangle$ ）产生作用，通过调整θ和 ϕ 就可以生成任意的状态。

可以生成任意状态的$\boldsymbol{U}$被称为完全单一门。由于$\boldsymbol{U}$是幺正矩阵，因此它满足下列公式，即

$$
\boldsymbol{U}\boldsymbol{U}^\dagger = \boldsymbol{U}^\dagger\boldsymbol{U} = 1
$$

此外，可以生成任意状态的量子门被称为万能量子门，所以$\boldsymbol{U}$ 就是单个量子位的万能量子门。

第12天

如何排列量子阱

到目前为止，我们已经实现了使用一个量子阱对一个量子位进行数值计算的操作。我们可以通过排列多个这样的量子位，使它们产生相互作用的方式来实现量子计算机。今天，首先我们会对存在两个电子时的普遍理论进行说明，然后再对两个量子阱排列在一起时的电子状态进行计算，对最终将其当作两个量子位使用的方法进行讲解。

12.1 两个粒子的薛定谔方程

12.1.1 同种类的两个粒子的波函数

经典力学中的粒子即使是同一种类，也可以一个、两个地计数，无论它们有多小，都是可以作为个体被识别的。而量子力学中的粒子原本就是表现为波的形态，如果种类相同，那么只要它们混合在一起，在理论上我们是无法识别也无法计算其数量的。那么两个粒子的波函数究竟是什么样子的呢？假设粒子 1 和粒子 2 的位置是 x_1 和 x_2，如果再加上时间，就可以用三元函数表示，如图 12.1 所示。

图 12.1 ●两个粒子的波函数

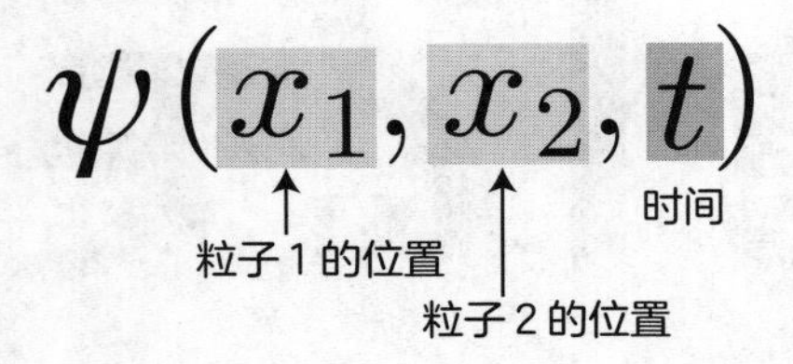

也就是说，即使是在一维体系中，波函数的维度也会随着粒子数的增加而不断增加。因此，我们需要注意，在量子力学中，数值计算所需的内存和计算时间会随着粒子数量的增加而呈现指数级的增长。

12.1.2 粒子的概率密度分布

如果是单个粒子，波函数的绝对值就是表示存在概率。与单个粒子的场合相同，$|\psi(x_1, x_2, t)|^2$ 表示“粒子 1 和粒子 2 的位置在时间 t 存在于 x_1，x_2 的概率”。但是由于原本粒子是无法识别的，因此，我们可以通过这个波函数得到的信息就是粒子 1 或者粒子 2 在某一时刻 t 存在于位置 x 的期望值，即

$$\rho(x,t) \equiv \int_{-\infty}^{\infty} |\psi(x_1, x, t)|^2 dx_1 + \int_{-\infty}^{\infty} |\psi(x, x_2, t)|^2 dx_2 \tag{12.1}$$

由于 $\rho(x,t)$ 满足 $0 \leqslant \rho(x,t) \leqslant 2$，因此我们就可以计算粒子的概率密度分布。此外，波函数的归一条件是在两个粒子位置的整个空间内进行积分所得到的下列公式，即

$$\int_{-\infty}^{\infty}\int_{-\infty}^{\infty} |\psi(x_1, x_2, t)|^2 dx_1 dx_2 = 1$$

12.1.3 两个粒子不依赖于时间的哈密顿算符

接下来，我们要对这两个粒子的波函数对应的哈密顿算符进行讲解。基本上与单个粒子相同，不同的点在于需要添加表示粒子之间相互作用的项。考虑粒子之间的相互作用只依赖于相互的位置，用 $V(x_1, x_2)$ 表示，就可以得到不依赖于时间的哈密顿算符。

不依赖于时间的哈密顿算符（两个粒子）

$$\hat{H}=-\frac{\hbar^2}{2m}\frac{\partial^2}{\partial x_1^2}+V(x_1)-\frac{\hbar^2}{2m}\frac{\partial^2}{\partial x_2^2}+V(x_2)+V(x_1,x_2)\equiv\hat{H}_1+\hat{H}_2+V_{12} \quad (12.2)$$

式中：$V(x_1)$和$V(x_2)$是每个粒子的势能。第三个公式中的$\hat{H}_1$和$\hat{H}_2$是仅依赖于粒子 1 和粒子 2 的项，V_{12}是相互作用的项，这样用公式表示出来就更加一目了然了。

12.1.4 两个粒子的薛定谔方程的解

两个粒子的薛定谔方程与一维的场合相同，也是下列公式，即

$$i\hbar\frac{\partial\psi(x_1,x_2,t)}{\partial t}=\hat{H}\psi(x_1,x_2,t) \quad (12.3)$$

类似式（12.2）那样，当哈密顿算符不依赖于时间时，波函数就可以用对空间和时间进行变量分离后得到的本征方程的解，即

$$\hat{H}\varphi(x_1,x_2)=E\varphi(x_1,x_2) \quad (12.4)$$

即用本征函数和简谐运动的时间依赖部分的乘积表示，即

$$\psi(x_1,x_2,t)=\varphi(x_1,x_2)e^{-i\omega t},\quad \omega=\frac{E}{\hbar}$$

式中：E 是本征能量。如果是类似势阱那样被束缚的粒子，本征能量会以 E_n 的形式变成离散的值。同时，由于本征函数 φ_n 符合叠加的原理，因此任何波函数都可以用下列公式表示，即

$$\psi(x_1,x_2,t)=\sum_n a_n\varphi_n(x_1,x_2)e^{-i\omega_n t},\quad \omega_n=\frac{E_n}{\hbar} \quad (12.5)$$

此外，本征函数与单个粒子的式（6.13）同样，也满足正交归一条件，即

$$\langle m|n\rangle\equiv\int_{-\infty}^{\infty}\int_{-\infty}^{\infty}dx_1dx_2\,\varphi^{(m)}(x_1,x_2)^*\varphi^{(n)}(x_1,x_2)=\delta_{mn} \quad (12.6)$$

12.1.5 两种量子粒子（玻色子与费米子）

正如之前所讲解的，相同种类的两个粒子一旦混合在一起，就会无法进行区分。那么此时的本征函数会满足什么样的条件呢？由于无法区分，那么是不是即使将本征函数 $\varphi(x_1,x_2)$ 的两个粒子交换，也不会发生什么变化呢？为了解决这些问题，我们将用于交换粒子的算符定义为 $\mathcal{P}$，用下列公式表示粒子的交换操作，即

$$\mathcal{P}\varphi(x_1,x_2)=\varphi(x_2,x_1)$$

再次在两边应用 $\mathcal{P}$，得到下式，即

$$\mathcal{P}^2\varphi(x_1,x_2)=\varphi(x_1,x_2) \tag{12.7}$$

就会以上述形式恢复到原来的样子。如果将式（12.7）当作 $\mathcal{P}^2$ 的本征态，本征值就是 1，因此 $\mathcal{P}$ 的本征值就是 ±1。故而可以得到下列公式，即

$$\mathcal{P}\varphi(x_1,x_2)=\pm\varphi(x_1,x_2)$$

从而进一步推导出下列结果，即

$$\varphi(x_2,x_1)=\pm\varphi(x_1,x_2)$$

这意味着可能存在即使交换粒子本征函数也不会发生变化以及符号反转的两种情形。前者的本征函数被称为对称函数[$\varphi^{(S)}(x_1,x_2)$]，后者被称为反对称函数[$\varphi^{(A)}(x_1,x_2)$]，可以用下列公式表示（之后再进行归一化），即

$$\varphi^{(S)}(x_1,x_2)=\varphi_a(x_1)\varphi_b(x_2)+\varphi_a(x_2)\varphi_b(x_1)$$
$$\varphi^{(A)}(x_1,x_2)=\varphi_a(x_1)\varphi_b(x_2)-\varphi_a(x_2)\varphi_b(x_1)$$

式中：φ_a 和 φ_b 是满足式（12.4）的本征值方程的函数，相互之间是正交的。实际上，在交换粒子之后，就会满足 $\varphi^{(S)}(x_2,x_1)=\varphi^{(S)}(x_1,x_2)$，$\varphi^{(A)}(x_2,x_1)=-\varphi^{(A)}(x_1,x_2)$。有趣的地方发生在 $\varphi_a=\varphi_b=\varphi$ 的情况下。一方面是 $\varphi^{(S)}(x_1,x_2)=2\varphi(x_1)\varphi(x_2)$，另一方面是 $\varphi^{(A)}(x_1,x_2)=0$。也就是说，当本征函数可以用反对称函数表示时，意味着粒子无法存在于同一函数（状态）中。此外，无论是 $\varphi_a\neq\varphi_b$ 还是 $x_1=x_2=x$，一方面是 $\varphi^{(S)}(x,x)=2\varphi_a(x)\varphi_b(x)$，另一方面是 $\varphi^{(A)}(x,x)=0$。也就是说，当本征函数可以用反对称函数表示时，意味着粒子无法存在于同一个位置。虽然我们会省略对详细内容的讲解，但是在量子力学的世界中，大致存在两种粒子，一种是用对称函数表示本征函数的玻色子；另一种是用反对称函数表示本征函数的费米子。

玻色子和费米子的典型示例分别是光子和电子。此外，如果$\varphi_a(x)$和$\varphi_b(x)$满足归一条件，要使$\varphi^{(S)}(x_1,x_2)$和$\varphi^{(A)}(x_1,x_2)$满足条件的话，就需要使用下列公式，即

$$\varphi^{(S)}(x_1,x_2)=N_S\left[\varphi_a(x_1)\varphi_b(x_2)+\varphi_a(x_2)\varphi_b(x_1)\right]$$
$$\varphi^{(A)}(x_1,x_2)=\frac{1}{\sqrt{2}}\left[\varphi_a(x_1)\varphi_b(x_2)-\varphi_a(x_2)\varphi_b(x_1)\right]$$

N_S在$\varphi_a=\varphi_b$时，需要指定为$1/2$；在$\varphi_a\neq\varphi_b$时，则需要指定为$1/\sqrt{2}$。

12.1.6 独立粒子的场合

在12.1.5小节中我们已经讲解过，当两个同种类的粒子混合在一起时，它们就会变得无法区分，本征函数就会变成对称函数或者反对称函数。其实，即使是同种类的粒子，只要不混合在一起，也是可以区分的。例如，当两个无限深量子阱排列在一起，而且每个量子阱中都保存着一个粒子时，就可以用下列公式表示，即

$$\varphi(x_1,x_2)=\varphi_a(x_1)\varphi_b(x_2)$$

虽然这相当于在$\varphi^{(S)}(x_1,x_2)$和$\varphi^{(A)}(x_1,x_2)$中替换粒子的项（第二项）为0，但是$\varphi_a(x_1)$和$\varphi_b(x_2)$在考虑库仑相互作用时是本征态哦。至此，我们就完成了准备工作。

12.2 两个量子阱的库仑相互作用

如图12.2所示，我们需要准备两个中心距离为R的相互独立的两个量子阱。独立是指每个量子阱中都存在一个电子，它们之间绝对不会进行交换。此外，电子之间会因库仑相互作用（库仑力）而相互排斥。如果是经典力学，当电子之间的距离为r时，就会产生基于这个库仑力的势能，即

$$V(r)=\frac{1}{4\pi\epsilon_0}\frac{e^2}{r}$$

而在量子力学中，电子1和电子2的位置分别为x_1和x_2，可以用下列公式表示，即

$$V(x_1,x_2)=\frac{1}{4\pi\epsilon_0}\frac{e^2}{|x_1-x_2|}\tag{12.8}$$

图 12.2 ●独立的两个量子阱的模式图

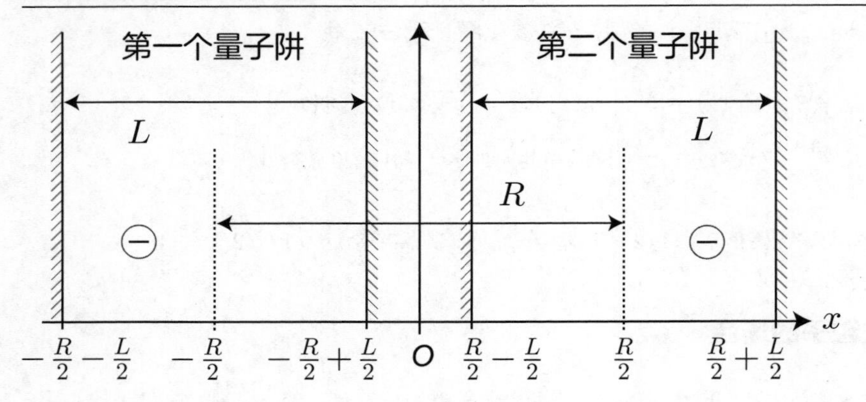

添加了库仑相互作用的两个电子状态的哈密顿算符可以用下列公式表示。

束缚在独立的两个量子阱中的电子的哈密顿算符

$$\hat{H}=-\frac{\hbar^2}{2m_e}\frac{\partial^2}{\partial x_1^2}+V(x_1)-\frac{\hbar^2}{2m_e}\frac{\partial^2}{\partial x_2^2}+V(x_2)+V(x_1,x_2)\equiv\hat{H}_1+\hat{H}_2+V_{12} \tag{12.9}$$

式中：x_1和x_2分别是第一个量子阱和第二个量子阱中电子的位置。$V_1(x_1)$和$V_2(x_2)$则分别是第一个量子阱和第二个量子阱的势能，可以用下列公式表示，即

$$V_1(x_1)=\begin{cases}0 & \left(\left|x_1+\frac{R}{2}\right|\leqslant\frac{L}{2}\right)\\ +\infty & \left(\frac{L}{2}<\left|x_1+\frac{R}{2}\right|\right)\end{cases},\quad V_2(x_2)=\begin{cases}0 & \left(\left|x_2-\frac{R}{2}\right|\leqslant\frac{L}{2}\right)\\ +\infty & \left(\frac{L}{2}<\left|x_2-\frac{R}{2}\right|\right)\end{cases}$$

由于 $\hat{H}_1$和 $\hat{H}_2$分别表示独立的两个量子阱中存在的电子的哈密顿算符，即

$$\hat{H}_1\varphi_{n_1}(x_1)=E_{n_1}\varphi_{n_1}(x_1),\quad \hat{H}_2\varphi_{n_2}(x_2)=E_{n_2}\varphi_{n_2}(x_2) \tag{12.10}$$

因此可以假设是上述本征态。本征函数和本征能量如下：

$$\varphi_{n_1}(x)=\sqrt{\frac{2}{L}}\sin\left[k_{n_1}\left(x+\frac{L}{2}+\frac{R}{2}\right)\right],\quad k_{n_1}=\frac{\pi(n_1+1)}{L},\quad E_{n_1}=\frac{\hbar^2k_{n_1}^2}{2m_e} \tag{12.11}$$

$$\varphi_{n_2}(x)=\sqrt{\frac{2}{L}}\sin\left[k_{n_2}\left(x+\frac{L}{2}-\frac{R}{2}\right)\right],\quad k_{n_2}=\frac{\pi(n_2+1)}{L},\quad E_{n_2}=\frac{\hbar^2k_{n_2}^2}{2m_e} \tag{12.12}$$

正如我们在 12.1 节中所讲解的，双电子体系的本征函数是每个电子的本征函数的乘积。但是这两个本征函数的乘积是不会变成 $\varphi_{n_1 n_2}(x_1, x_2) = \varphi_{n_1}(x_1)\varphi_{n_2}(x_2)$ 的。因为 $\varphi_{n_1}(x_1)$ 和 $\varphi_{n_2}(x_2)$ 是在没有考虑库仑相互作用时的本征函数。因此，我们将考虑库仑相互作用的本征函数分别表示为 $\varphi^{(m_1)}(x_1)$ 和 $\varphi^{(m_2)}(x_2)$，其乘积

$$\varphi^{(n_1 n_2)}(x_1, x_2) = \varphi^{(n_1)}(x_1)\varphi^{(n_2)}(x_2) \tag{12.13}$$

就是本征函数。和之前一样，$\varphi^{(m_1)}(x_1)$和$\varphi^{(m_2)}(x_2)$使用形成一个正交归一系的$\varphi_{n_1}(x_1)$ 和$\varphi_{n_2}(x_2)$，就可以用下列公式表示，即

$$\varphi^{(n_1)}(x_1) = \sum_{m_1} a_{m_1}^{(n_1)} \varphi_{m_1}(x_1), \quad \varphi^{(n_2)}(x_2) = \sum_{m_2} a_{m_2}^{(n_2)} \varphi_{m_2}(x_2) \tag{12.14}$$

但是，由于展开系数因能级而异，因此就需要增加索引变成 $a_{m_1}^{(n_1)}$，$a_{m_2}^{(n_2)}$。使用这个本征函数，得到的双电子体系的波函数 $\psi(x_1, x_2, t)$就是下列公式，即

$$\psi(x_1, x_2, t) = \sum_{n_1 n_2} b_{n_1, n_2}(t)\varphi^{(n_1 n_2)}(x_1, x_2)$$

此外，如式（12.9）所示，如果哈密顿算符不依赖于时间，时间依赖就是简谐运动，用下列公式表示，即

$$\psi(x_1, x_2, t) = \sum_{n_1 n_2} b_{n_1, n_2}\varphi^{(n_1 n_2)}(x_1, x_2)\, e^{-i\omega^{(n_1 n_2)} t}$$

不要忘记角频率是由本征能量确定的。目前的目标是为了得到考虑了库仑相互作用的本征函数 [式（12.13）] 了，而对展开系数 $a_{m_1}^{(n_1)}$，$a_{m_2}^{(n_2)}$进行计算。在 12.3 节中，我们将对这个计算方法进行讲解。

12.3 考虑库仑相互作用的本征态的计算方法

使用式（12.9）的哈密顿算符函数，考虑库仑相互作用时不依赖于时间的薛定谔方程用下列公式表示，即

$$\hat{H}\varphi^{(n_1 n_2)}(x_1, x_2) = E^{(n_1 n_2)}\varphi^{(n_1 n_2)}(x_1, x_2) \tag{12.15}$$

与一维的场合相同，两边乘以 $\varphi_{l_1}^*(x_1)\varphi_{l_2}^*(x_2)$ 并在整个空间计算积分，再考虑正交性和式（12.10）之间的关系，就可以得到下列公式，即

$$(E_{l_1}+E_{l_2})a_{l_1}^{(n_1)}a_{l_2}^{(n_2)}+\sum_{m_1m_2}\langle l_1,l_2|V_{12}|m_1,m_2\rangle a_{m_1}^{(n_1)}a_{m_2}^{(m_2)}=E^{(n_1n_2)}a_{l_1}^{(n_1)}a_{l_2}^{(n_2)} \quad (12.16)$$

不过，库仑相互作用的整个空间的积分是用下列公式表示，即

$$\langle l_1,l_2|V_{12}|m_1,m_2\rangle\equiv\int_{-\frac{R}{2}-\frac{L}{2}}^{-\frac{R}{2}+\frac{L}{2}}\mathrm{d}x_1\int_{\frac{R}{2}-\frac{L}{2}}^{\frac{R}{2}+\frac{L}{2}}\mathrm{d}x_2\,\varphi_{l_1}^*(x_1)\varphi_{l_2}^*(x_2)V_{12}\,\varphi_{m_1}(x_1)\varphi_{m_2}(x_2) \quad (12.17)$$

根据式（12.16），展开系数始终以乘积的形式出现，将$a_{m_1}^{(n_1)}a_{m_2}^{(n_2)}=A_{m_1m_2}^{(n_1n_2)}$作为一个变量来考虑的话，那么式（12.17）就是这个变量的联立方程了。为了方便编写程序代码，我们将(n_1n_2)省略之后，再重新编写式（12.16），就是下列形式，即

$$(E_{l_1}+E_{l_2})A_{l_1l_2}+\sum_{m_1m_2}\langle l_1,l_2|V_{12}|m_1,m_2\rangle A_{m_1m_2}=EA_{l_1l_2} \quad (12.18)$$

竟然变成了与式（6.17）相同的形式。和之前一样，将它置换成本征值问题，对本征值和本征向量进行计算即可。虽然与单个电子不同，分配了两个索引，看上去好像比较麻烦，但是如果重新按照(m_1,m_2) = (0, 0), (0, 1), ⋯, (0, $m_{\max}$), (1, 0), (1, 1), ⋯, (1, $m_{\max}$), ⋯, ($m_{\max}$, $m_{\max}$) 的顺序，像m = 0, 1, 2, ⋯这样对一维索引进行定义，再对应这个顺序将系数用$A_{m_1m_2}\to A_m$表示，能量用$E_{m_1}+E_{m_2}\to E_m$、$\langle l_1,l_2|V_{12}|m_1,m_2\rangle\to\langle l|V_{12}|m\rangle$表示，那么就会变得与式（6.18）中的单个电子的场合完全相同。然后再对本征方程进行数值计算就可以了。通过这个计算得到的本征值直接对应本征能量$E^{(n)}$，本征向量则对应展开系数$A_l^{(n)}$。此时的索引n按照本征能量的升序进行定义。像这样使用一维索引表示本征函数$\varphi^{(n_1n_2)}(x_1,x_2)\to\varphi^{(n)}(x_1,x_2)$再重新整理本征方程和本征函数的话，就可以得到如下结果，即

$$\hat{H}\varphi^{(n)}(x_1,x_2)=E^{(n)}\varphi^{(n)}(x_1,x_2) \quad (12.19)$$

$$\varphi^{(n)}(x_1,x_2)=\sum_m A_m^{(n)}\varphi_{m_1}(x_1)\varphi_{m_2}(x_2) \quad (12.20)$$

需要注意的是，m_1和m_2依赖于m。此外，使用这个本征函数的波函数的一般解如下，即

$$\psi(x_1,x_2,t)=\sum_n b_n\,\varphi^{(n)}(x_1,x_2)\,e^{-i\omega^{(n)}t} \quad (12.21)$$

12.4 改进版量子阱的本征态的计算方法

我们在创建一个量子位时，在量子阱的中间添加一个势垒对量子阱进行了改进。这次，如图 12.3 所示，我们将两个改进版量子阱排列在一起，创建两个量子位。

图 12.3 ●排列两个改进版量子阱的模式图

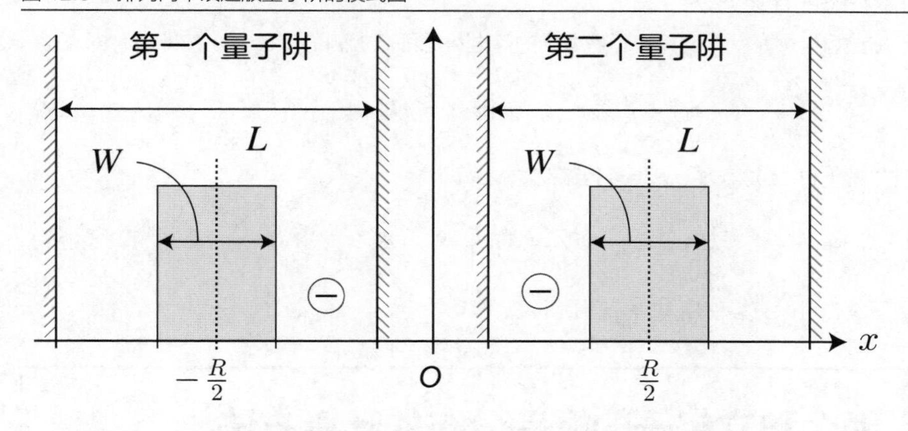

类似图 12.2 中的势垒部分的势能项可以用下列公式表示，即

$$\bar{V}_1(x_1) = \begin{cases} V & \left(\left|x_1 + \dfrac{R}{2}\right| \leqslant \dfrac{W}{2}\right) \\ 0 & \left(\dfrac{W}{2} \leqslant \left|x_1 + \dfrac{R}{2}\right| \leqslant \dfrac{L}{2}\right) \end{cases}$$

$$V_2(x_2) = \begin{cases} V & \left(\left|x_2 - \dfrac{R}{2}\right| \leqslant \dfrac{W}{2}\right) \\ 0 & \left(\dfrac{W}{2} \leqslant \left|x_2 - \dfrac{R}{2}\right| \leqslant \dfrac{L}{2}\right) \\ \infty & \left(\dfrac{L}{2} \leqslant \left|x_2 - \dfrac{R}{2}\right|\right) \end{cases} \tag{12.22}$$

这个量子阱的哈密顿算符则是在式（12.9）中添加此势能项之后得到下列公式，即

$$\hat{H} = \hat{H}_1 + \hat{H}_2 + V_{12} + \bar{V}_1 + \bar{V}_2 \tag{12.23}$$

由于$\bar{V}_1(x_1)$和$V_2(x_2)$分别只依赖于x_1和x_2，因此原本应当添加到$\hat{H}_1$和$\hat{H}_2$中。但是由于$\hat{H}_1$和$\hat{H}_2$是作为式（12.10）的本征态使用的，因此结合V_{12}进行如下定义，即

$$\bar{V}_{12} = V_{12} + \bar{V}_1 + \bar{V}_2 \tag{12.24}$$

再根据式（12.18）置换成$V_{12} \to \bar{V}_{12}$之后，竟然可以直接使用 12.3 节得到的结果。

施加静电场时本征态的计算方法

如果进一步施加静电场，就只要将基于静电场的静电势能项添加到式（12.23）中即可，即

$$\phi_1(x_1) = eE_x x_1, \quad \phi_2(x_2) = eE_x x_2 \tag{12.25}$$

具体的做法与式（12.24）相同，只要进行下列定义，即

$$\bar{V}_{12} = V_{12} + \bar{V}_1 + \bar{V}_2 + \phi_1 + \phi_2 \tag{12.26}$$

这样一来，居然也可以直接使用 12.3 节得到的结果。

12.5 两个独立电子的概率分布的计算方法

正如我们在前面所讲解的，当存在两个量子粒子时，即使它们存在于一维空间，本征函数也可以用二维表示。两个粒子中的任意一个粒子存在于一维的某个点x上的概率可以通过式（12.1）进行计算。接下来，我们将这种计算方式对应到这次的两个量子阱中，对其会发生什么变化进行讲解。由于$\psi(x_1, x_2, t)$中的x_1和x_2的范围分别被限制在两个阱的内部，因此概率密度分布就是如下所示的形式，即

$$\rho(x,t) = \begin{cases} 0 & \left(x < -\dfrac{R}{2} - \dfrac{L}{2}\right) \\ \displaystyle\int_{R/2-L/2}^{R/2+L/2} |\psi(x, x_2, t)|^2 dx_2 & \left(-\dfrac{R}{2} - \dfrac{L}{2} \leqslant x \leqslant -\dfrac{R}{2} + \dfrac{L}{2}\right) \\ 0 & \left(-\dfrac{R}{2} + \dfrac{L}{2} < x < \dfrac{R}{2} - \dfrac{L}{2}\right) \\ \displaystyle\int_{-R/2-L/2}^{-R/2+L/2} |\psi(x_1, x, t)|^2 dx_1 & \left(\dfrac{R}{2} - \dfrac{L}{2} \leqslant x \leqslant \dfrac{R}{2} + \dfrac{L}{2}\right) \\ 0 & \left(\dfrac{R}{2} + \dfrac{L}{2} < x\right) \end{cases}$$

如果哈密顿算符不依赖于时间，那么上述公式中 $\psi(x_1,x_2,t)\to\varphi^{(n)}(x_1,x_2,t)$ 的公式就是本征态的空间分布，即

$$\rho^{(n)}(x)=\begin{cases}0 & \left(x<-\dfrac{R}{2}-\dfrac{L}{2}\right)\\ \displaystyle\int_{R/2-L/2}^{R/2+L/2}|\varphi^{(n)}(x,x_2)|^2dx_2 & \left(-\dfrac{R}{2}-\dfrac{L}{2}\leqslant x\leqslant -\dfrac{R}{2}+\dfrac{L}{2}\right)\\ 0 & \left(-\dfrac{R}{2}+\dfrac{L}{2}<x<\dfrac{R}{2}-\dfrac{L}{2}\right)\\ \displaystyle\int_{-R/2-L/2}^{-R/2+L/2}|\varphi^{(n)}(x_1,x)|^2dx_1 & \left(\dfrac{R}{2}-\dfrac{L}{2}\leqslant x\leqslant \dfrac{R}{2}+\dfrac{L}{2}\right)\\ 0 & \left(\dfrac{R}{2}+\dfrac{L}{2}<x\right)\end{cases}\tag{12.27}$$

式（12.27）表明，要得到第一个量子阱中电子的概率密度分布，那么第二个量子阱中的电子就可以在阱中的任何位置，因此需要使用 x_2 进行积分运算。相反地，要得到第二个量子阱中电子的概率密度分布，第一个量子阱中的电子就可以在阱中的任何位置，因此需要使用 x_1 进行积分运算。此外，如式（12.20）所示，$\varphi_{m_1}(x_1)$ 和 $\varphi_{m_2}(x_2)$ 可以用一个简单的乘积表示，因此可以进行空间积分运算，得到的结果就是如下所示的概率密度分布，即

$$\rho(x)=\begin{cases}0 & \left(x<-\dfrac{R}{2}-\dfrac{L}{2}\right)\\ |\varphi^{(n_1)}(x)|^2 & \left(-\dfrac{R}{2}-\dfrac{L}{2}\leqslant x\leqslant -\dfrac{R}{2}+\dfrac{L}{2}\right)\\ 0 & \left(-\dfrac{R}{2}+\dfrac{L}{2}<x<\dfrac{R}{2}-\dfrac{L}{2}\right)\\ |\varphi^{(n_2)}(x)|^2 & \left(\dfrac{R}{2}-\dfrac{L}{2}\leqslant x\leqslant \dfrac{R}{2}+\dfrac{L}{2}\right)\\ 0 & \left(\dfrac{R}{2}+\dfrac{L}{2}<x\right)\end{cases}$$

但是通过本征值方程得到的是式（12.20）的展开系数 $A_m^{(n)}$，而这里计算的是式（12.14）的展开系数 $a_{m_1}^{(n_1)}$ 和 $a_{m_2}^{(n_2)}$ 的乘积的值。要单独对 $a_{m_1}^{(n_1)}$ 和 $a_{m_2}^{(n_2)}$ 进行计算，就需要另外对联立方程进行求解。相比之下，还是计算式（12.27）的积分要来得更加直观，也更利于理解。此外，虽然 ρ 是概率密度分布，但是由于这次电子是独立存在的，因此它实质上是表示电子的概率分布。

今天的讲解就到此为止了。明天请尝试对两个量子位的恒稳态进行实际的计算。

第13天

计算双量子阱的恒稳态

谢谢仙人地细致讲解。接下来，我将根据昨天讲解的内容，尝试按照下列顺序进行实际的计算。

（1）计算只考虑库仑相互作用的 $\langle l_1, l_2|V_{12}|m_1, m_2\rangle$。

（2）计算只考虑库仑相互作用的本征态。

（3）计算只考虑库仑相互作用的改良版量子阱的本征态。

（4）计算考虑库仑相互作用和静电场的改良版量子阱的本征态。

13.1 $\langle l_1, l_2|V_{12}|m_1, m_2\rangle$ 的计算

在计算本征态之前，首先将对需要使用的式（12.18）中的 $\langle l_1, l_2|V_{12}|n_1, n_2\rangle$ 进行计算。虽然这是二维空间积分，但是可以与一维空间积分组合起来进行数值计算。和之前一样，将量子阱的宽度固定为 $L = 1.0\,\mathrm{nm}$，将量子阱之间的中心距离固定为 $R = 1.2\ \mathrm{nm}$。此外，如果指定 $V_{12} = 1$，它就会符合正交函数的归一条件，因此就是 $\langle l_1, l_2|n_1, n_2\rangle = \delta_{l_1,n_1}\delta_{l_2,n_2}$。还可以通过它检查计算是否正确。

程序源码 13.1 ● $\langle l_1,l_2|V_{12}|m_1,m_2\rangle$ 的计算（2QuantumWall_V12.py）

```
（省略：导入相关模块） <-------------------------------------------------------------- （5.3节）
（省略：物理常量） < ----------------------------------------------------------------- （4.2节）

#######################################
#    物理相关的设置
#######################################
# 量子阱的宽度
L = 1.0 * 10**-9
# 两个阱的中心距离
R = 1.2E-9 # 1.2nm
# 计算区间
x_min = -L / 2.0
x_max = L / 2.0
# 状态数
n_max = 5
# 矩阵的元素数量
DIM = n_max + 1

# 库仑相互作用势能项[eV]
def V12(x1, x2):
    return e * e / (4.0 * math.pi * epsilon0)/( abs(x2 - x1) ) / eV  <--------------- 式（12.8）

# 独立量子阱的本征函数
def verphi1(n1, x, R, L):
    kn = math.pi * (n1 + 1) / L
    return math.sqrt(2.0 / L) * math.sin( kn * (x + L / 2.0 + R / 2.0 ))  <--------- 式（12.11）

# 独立量子阱的本征函数
def verphi2(n2, x, R, L):
    kn = math.pi * (n2 + 1) / L
    return math.sqrt(2.0 / L) * math.sin(kn * (x + L / 2.0 - R / 2.0))  <----------- 式（12.12）

# 独立量子阱的本征函数的乘积
def verphi12(n1, n2, x1, x2, R, L):
    return verphi1(n1, x1, R, L) * verphi2(n2, x2, R, L)  <------------------------------ （※1）

# 被积函数
def integral_V12(x2, x1, n1, n2, m1, m2, R, L):
    return verphi12(n1, n2, x1, x2, R, L) * V12(x1, x2)
                                        └ * verphi12(m1, m2, x1, x2, R, L)

# 积分区间的设置
x1_min = -R / 2.0 - L / 2.0  < ------------------------------------------------------ （※2-1）
x1_max = -R / 2.0 + L / 2.0  < ------------------------------------------------------ （※2-2）
x2_min = R / 2.0 - L / 2.0  < ------------------------------------------------------- （※2-3）
```

```
x2_max = R / 2.0 + L / 2.0  < ------------------------------------------------------------ (※2-4)

### 计算<m1,m2|V12|n1,n2>
for m1 in range(DIM):
    for m2 in range(DIM):
        for n1 in range(DIM):
            for n2 in range(DIM):
                # 高斯·勒让德二重积分
                result = integrate.dblquad(  < ------------------------------------------ (※3)
                    integral_V12,   # 被积函数
                    x1_min, x1_max, # 被积函数的第一个参数的积分区间的下端和上端
                    lambda x : x2_min, lambda x : x2_max,
                                    # 被积函数的第二个参数的积分区间的下端和上端  < -------- (※4)
                    args=(n1, n2, m1, m2, R, L) # 传递给被积函数的参数
                )
                V_real = result[0]
                # 输出到终端
                print(f'{m1},{m2},{n1},{n2}, {V_real}')  <------------------------------- (※5)
```

(※1) 由于没有库仑相互作用的本征函数的乘积不仅会出现在式(12.17)中，而且还会出现在今后的任何地方，因此在这里先对其进行定义。

(※2) 设置用于进行式(12.17)的积分运算的积分区间。

(※3) 在 Python 中，导入 scipy 模块就可以轻松地计算二重积分。

(※4) 分配给被积函数中第二个参数的积分区间，使用的是定义匿名函数的机制。

(※5) 将通过计算得到的结果输出到终端。随后显示的第一个结果是赋予了式(12.8)的库仑相互作用的场合(单位是 eV)。第二个结果是特意给定 $V(x_1,x_2)=1$，尝试进行 $\langle l_1,l_2|n_1,n_2\rangle=\delta_{l_1,n_1}\delta_{l_2,n_2}$ 计算后得到的结果。似乎计算是正确的。

$V(x_1,x_2)=\dfrac{1}{4\pi\epsilon_0}\dfrac{e^2}{|x_1-x_2|}$ 的计算结果

```
0,0,0,0, 1.262754568699896
0,0,0,1, 0.20688775135385754
0,0,0,2, 0.0410661994379537
0,0,0,3, 0.025395961423568914
0,0,1,0, -0.20688775135385754
0,0,1,1, -0.06902422654170876
0,0,1,2, -0.020721165329245877
0,0,1,3, -0.011469035153180096
0,0,2,0, 0.041066199437953824
0,0,2,1, 0.020721165329245922
0,0,2,2, 0.008320159463432519
0,0,2,3, 0.004637293196354009
0,0,3,0, -0.025395961423569258
```

```
0,0,3,1, -0.011469035153180141
0,0,3,2, -0.004637293196354018
0,0,3,3, -0.002668731747505736
0,1,0,0, 0.2068877513538575
（省略）
```

$V(x_1, x_2) = 1$ 的计算结果

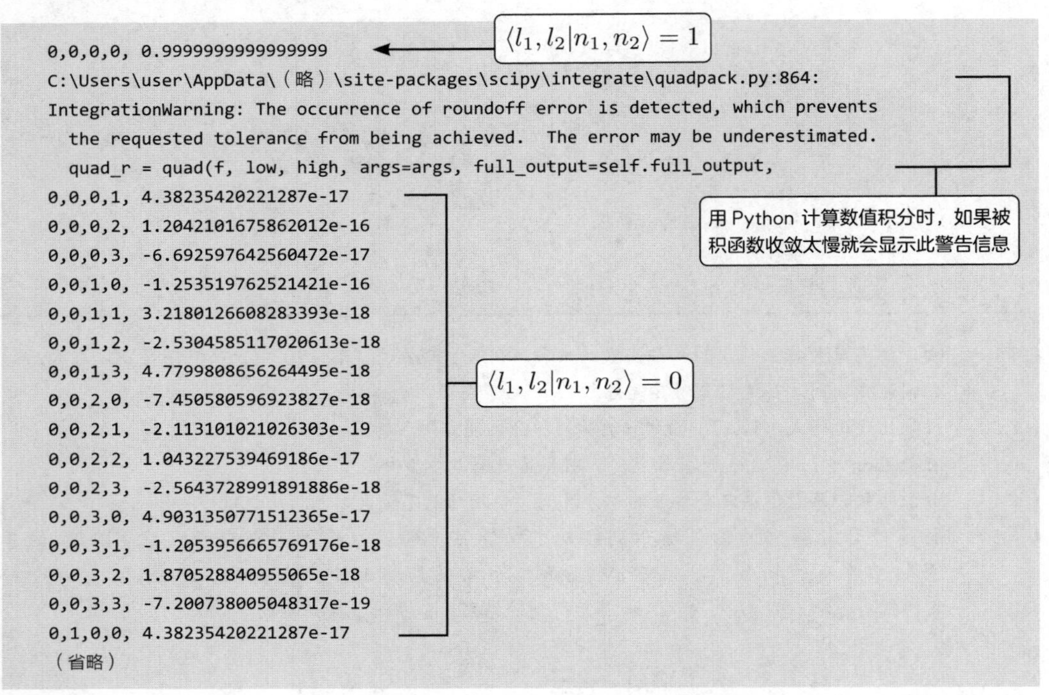

```
0,0,0,0, 0.9999999999999999
C:\Users\user\AppData\（略）\site-packages\scipy\integrate\quadpack.py:864:
IntegrationWarning: The occurrence of roundoff error is detected, which prevents
  the requested tolerance from being achieved.  The error may be underestimated.
  quad_r = quad(f, low, high, args=args, full_output=self.full_output,
0,0,0,1, 4.38235420221287e-17
0,0,0,2, 1.2042101675862012e-16
0,0,0,3, -6.692597642560472e-17
0,0,1,0, -1.253519762521421e-16
0,0,1,1, 3.2180126608283393e-18
0,0,1,2, -2.5304585117020613e-18
0,0,1,3, 4.7799808656264495e-18
0,0,2,0, -7.450580596923827e-18
0,0,2,1, -2.113101021026303e-19
0,0,2,2, 1.043227539469186e-17
0,0,2,3, -2.5643728991891886e-18
0,0,3,0, 4.9031350771512365e-17
0,0,3,1, -1.2053956665769176e-18
0,0,3,2, 1.870528840955065e-18
0,0,3,3, -7.200738005048317e-19
0,1,0,0, 4.38235420221287e-17
（省略）
```


13.2 计算只考虑库仑相互作用的本征态

接下来，我们将使用 13.1 节的计算结果对式（12.18）的联立方程进行求解。实际上就是使用式（6.18）的矩阵的本征值方程针对新的问题，对本征值和本征向量进行数值计算。计算后得到的本征值直接对应本征能量，本征向量则对应式（12.20）的展开系数，因此可以使用这个公式计算本征函数。和之前一样，我们将量子阱的宽度指定为 L = 1.0 nm，对量子阱之间的中心距离从 R = 1.1 ~ 2.0 nm，以 0.1 nm 的速度不断增加时的本征能量和本征函数进行计算。

程序源码 13.2 ●只考虑库仑相互作用的本征态（2QuantumWall.py）

```
（省略：导入相关模块） <------------------------------------------------------------------ （5.3节）
（省略：物理常量） < ------------------------------------------------------------------- （4.2节）
# 两个阱的中心距离
R_min = L + 0.1 * 10**-9
R_max = L + 2.0 * 10**-9
# 距离分割数量
NR = 19
（省略）
# 状态数
n_max = 5 < ------------------------------------------------------------------------ （※1）
# 矩阵的元素数量
DIM = n_max + 1
# 基态、第一激发态、第二激发态和第三激发态
N = 4

（省略：库仑相互作用势能项） < ---------------------------------------------------------- （13.1节）
（省略：独立量子阱的本征函数相关） <------------------------------------------------------ （13.1节）
（省略：<l1,l2|V12|m1,m2>计算用函数） < --------------------------------------------------- （13.1节）

# 独立量子阱的本征能量[eV]
def Energy0_12(n1, n2, L): < ------------------------------------------------式（12.18）的第一项
    kn1 = math.pi * (n1 + 1) / L
    kn2 = math.pi * (n2 + 1) / L
    En1 = hbar**2 * kn1**2 / (2.0 * me)
    En2 = hbar**2 * kn2**2 / (2.0 * me)
    return (En1 + En2) /eV

# 两个量子位的本征态
def Qbit_varphi(x1, x2, an, n_max, R, L):
    phi=0
    for m1 in range(0,DIM):
        for m2 in range(0,DIM):
            m = m1 * ( n_max + 1 ) + m2
            phi += an[m] * varphi12(m1, m2, x1, x2, R, L) <------------------------ 式（12.20）
    return phi.real

# 用于计算密度分布的被积函数
def integral_varphi_x1(x1, n_max, x, R, L, an): < ------------------------------------ （※2-1）
    varphi = Qbit_varphi(x1, x, an,n_max, R, L)
    return abs(varphi)**2

# 用于计算密度分布的被积函数
def integral_varphi_x2(x2, n_max, x, R, L, an): < ------------------------------------ （※2-2）
    varphi = Qbit_varphi(x, x2, an, n_max, R, L)
    return abs(varphi)**2
```

```
# 概率密度分布
def rho(x, an, n_max, R, L):  <-------------------------------------------------------- （※2-3）
    if(x <= - R / 2.0 + L / 2.0):
        x_min = R / 2 - L / 2
        x_max = R / 2 + L / 2
        # 高斯 · 勒让德积分
        result = integrate.quad(
            integral_varphi_x2,     # 被积函数
            x_min,x_max,            # 积分区间的下端和上端
            args=(n_max,x,R,L,an)  # 传递给被积函数的参数
        )
    elif( R / 2.0 - L / 2.0 <= x):
        x_min = - R / 2 - L / 2
        x_max = - R / 2 + L / 2
        # 高斯 · 勒让德积分
        result = integrate.quad(
            integral_varphi_x1,     # 被积函数
            x_min,x_max,            # 积分区间的下端和上端
            args=(n_max,x,R,L,an)  # 传递给被积函数的参数
        )
    real = result[0]
    return real

######################################
#   开始计算
######################################
DIM1 = n_max + 1
DIM2 = DIM1 * DIM1  <-------------------------------------------------------------- （※3）

# 初始化本征值和本征向量
eigenvalues = [0] * (NR + 1)  <---------------------------------------------------- （※4）
vectors = [0] * (NR + 1)  <-------------------------------------------------------- （※5）
for nR in range(NR + 1):
    eigenvalues[nR] = []
    vectors[nR] = []

# 初始化用于绘制存在概率分布图表的数组
xs = []
phi = [0] * (NR + 1)
for nR in range(NR + 1):
    phi[nR] = [0] * N
    for n in range( len(phi[nR]) ):
        phi[nR][n] = [0] * (NX + 1)

###变更R的大小
```

```
for nR in range( NR + 1 ):

    # R的设置
    if(NR != 0):
        print("阱的间隔: " + str( nR * 100 / NR ) + "%")
        R = R_min + (R_max - R_min) * nR / NR
    else:
        R = 2.0 * L

    # 积分区间的设置
    x1_min = -R / 2.0 - L / 2.0
    x1_max = -R / 2.0 + L / 2.0
    x2_min = R / 2.0 - L / 2.0
    x2_max = R / 2.0 + L / 2.0

    # 埃尔米特矩阵的设置
    matrix = [[0]*DIM2 for i in range(DIM2)]

    for m1 in range(DIM1):
        for m2 in range(DIM1):
            for n1 in range(DIM1):
                for n2 in range(DIM1):
                    (省略: <l1,l2|V12|m1,m2>的计算)  <---------------------------------- (13.1节)
                    # 矩阵元素
                    nn = n1 * DIM1 + n2
                    mm = m1 * DIM1 + m2
                    matrix[mm][nn] = V_real + V_imag
                    # 对角线元素
                    if(nn == mm): matrix[mm][nn] += Energy0_12(n1, n2, L)  <------------ (※6)

(省略: 本征值和本征向量的计算)  <------------------------------------------------------------- (7.2节)
    ※  将计算结果保存到EigenValues(本征值)和 EigenVectors(本征向量)中
(省略: 计算和输出概率密度分布)  <-------------------------------------------------------------- (※7)
(省略: 输出本征能量的R依赖性)
(省略: 本征向量的输出)
(省略)
}
```

(※1) 虽然展开到独立量子阱的本征态的项数在无穷大时变得严格，但是实际在数值计算中，需要给定尽量小的有限的值。这次给定的是5，给定它的原因我们将在本小节的最后部分用数值进行说明。

(※2) 这是一个根据式（12.27）计算概率密度分布的函数。在参数中给定计算得到的本征向量，并计算本征函数的绝对值的平方和。此外，我们假设了参数 x 中无法输入位于量子阱外侧的值。

(※3) 为了求解埃尔米特矩阵的本征方程，需要将式（12.18）的二维索引的展开系数进行一维化转换。此时矩阵中的每行每列的元素数量是 DIM1 的平方。

（※4） 用于保存本征值的二维数组的第一个索引是表示 R 的大小的数字。第二个索引是对应式（12.19）中 $E^{(n)}$ 中的 n（能级）。

（※5） 用于保存本征向量的三维数组的第一个索引是表示 R 的大小的数字。第二个索引和第三个索引分别对应式（12.20）中 $A_m^{(n)}$ 中的 n（能级）和 m（展开系数的编号）。

（※6） 查看式（12.18）的左边就会知道，矩阵元素基本上是 $\langle l_1, l_2|V_{12}|m_1, m_2\rangle$。如果 l_1，m_1 和 l_2，m_2 分别相等，就需要加上 $E_{l_1} + E_{l_2}$。

（※7） 与 7.3 节的本征函数的输出方法几乎相同。

13.2.1 概率密度分布的计算结果

图 13.1 中显示了当量子阱的中心距离为 $R = 2.0$ nm 时，从基态到第三激发态的概率密度分布。由于阱中的电子是独立存在的，可以对它们进行区分，因此我们将左边称为第一个电子，将右边称为第二个电子。由于电子因库仑相互作用而相互排斥，因此第一个电子和第二个电子的分布相对于原点是对称的。第一激发态和第二激发态看上去几乎相同，其原因将在接下来绘制本征能量的图表时进行说明。

图 13.1 ● R = 2.0 nm 的基态到第三激发态的概率密度分布

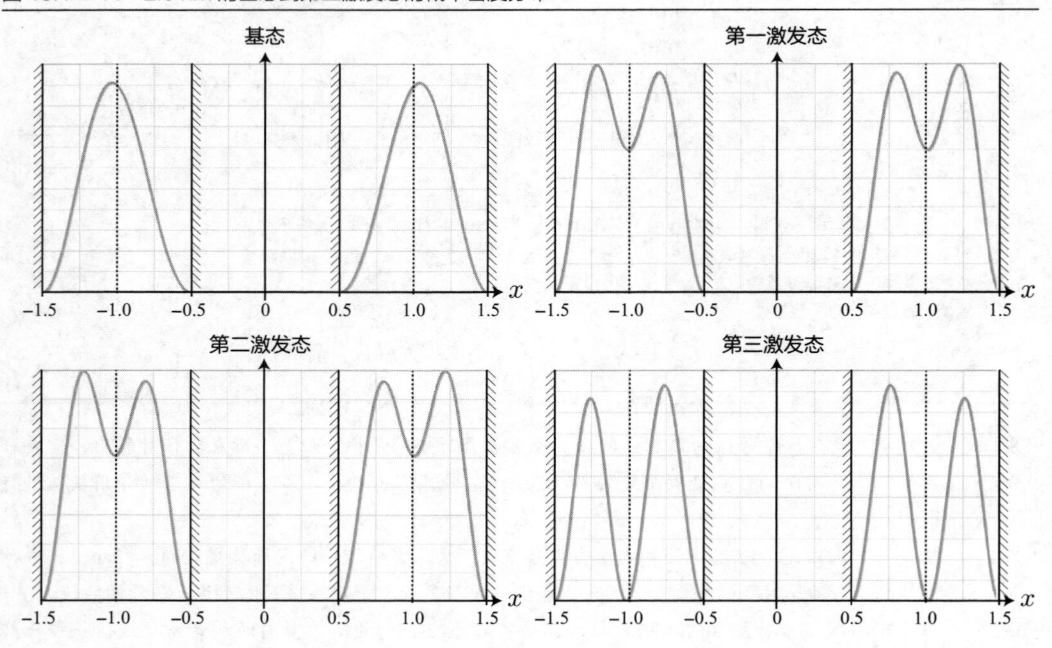

0 1 2 3 4 5 6 7 8 9 10 11 12 13 14

13.2.2 本征能量的计算结果

图 13.2 中显示了当横轴为量子阱的中心距离 R，纵轴为能量值时，从基态到第三激发态的本征能量的图表。图中垂直虚线（ R = 2.0 nm）的 R 对应上面的概率密度分布图表。可以看到，从这里开始的第一激发态和第二激发态的本征能量几乎是相同的。首先，考虑 $R=\infty$ 的极限，两个量子阱就是完全孤立的。因此，第一激发态是“第一个电子为基态”且“第二个电子为第一激发态”[$\varphi_0(x_1)\varphi_1(x_2)$]；或者是相反的，“第一个电子为第一激发态”且“第二个电子为基态”[$\varphi_1(x_1)\varphi_2(x_2)$]。由于这两种状态的本征能量应当完全一致，因此第一激发态和第二激发态具有相同的本征能量。此外，具有相同本征能量的本征态被称为简并态。当 R 变成有限的值，它们之间就会相互产生影响，电子分布相对于原点变得对称，严格来讲是可以对简并进行求解的，在图 13.2 中，从刻度上来看，当 R = 3 nm 时，看上去能量几乎是相同的。此外，基态是 $R=\infty$，无论第一个电子还是第二个电子都对应基态 [$\varphi_0(x_1)\varphi_0(x_2)$]，因此无法与其他状态简并。本征能量是 $E^{(0)}(R=\infty)=0.752$ eV。第三激发态也是类似的状态，第一个电子和第二个电子都对应第一激发态 [$\varphi_1(x_1)\varphi_1(x_2)$]，因此也不会与其他状态简并。

图 13.2 ●从基态到第三激发态的本征能量的 R 依赖性

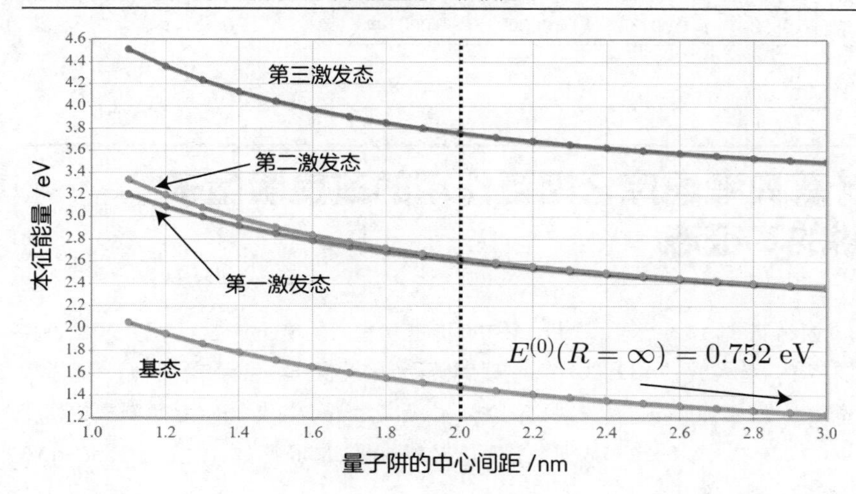

13.2.3 将展开系数的项数设置为 n_max = 5 的原因

表 13.1 中显示了将式（12.20）中的 $A_m^{(n)}$ 一维化后的索引 m 再次转换成二维索引 (m_1, m_2) 之后得到的一部分 $A_{m_1 m_2}^{(n)}$ 的计算结果（ $n=0$ 是基态，$n=1\sim 3$ 是第 n 激发态，小于 10^{-4} 的部分标

记为 0）。例如，$A_{10}^{(2)} \sim A_{15}^{(2)}$ 表示第二激发态中 $\varphi_{m_1}(x_1)\varphi_{m_2}(x_2)$ 贡献的大小，可以看到，m_2 越大，值就会极端地变小。也就是说，即使增加展开系数的项数，也只是增加几乎不作贡献的项而已。查看这个展开系数的值，只要其值相对于最大的项足够小（小于 1/100），之后将其忽略也是没有问题的。

表 13.1 ●展开系数的数值计算结果（R = 2.0 nm）

$A_{00}^{(0)}$	$A_{01}^{(0)}$	$A_{02}^{(0)}$	$A_{03}^{(0)}$	$A_{04}^{(0)}$	$A_{05}^{(0)}$
-0.997	0.0583	0.000942	0.000986	0	0.000120

$A_{00}^{(1)}$	$A_{01}^{(1)}$	$A_{02}^{(1)}$	$A_{03}^{(1)}$	$A_{04}^{(1)}$	$A_{05}^{(1)}$
0	-0.707	0.0268	0.000731	0.000642	0

$A_{10}^{(2)}$	$A_{11}^{(2)}$	$A_{12}^{(2)}$	$A_{13}^{(2)}$	$A_{14}^{(2)}$	$A_{15}^{(2)}$
-0.702	0.0870	0.00222	0.000868	0.000150	0.000108

$A_{10}^{(3)}$	$A_{11}^{(3)}$	$A_{12}^{(3)}$	$A_{13}^{(3)}$	$A_{14}^{(3)}$	$A_{15}^{(3)}$
-0.0601	-0.994	0.0398	0.00138	0.000992	0.000144

13.3 计算只考虑库仑相互作用的改良版量子阱的本征态

接下来，让我们根据 12.3 节对每个量子阱中间放置势垒时的本征态进行计算吧！由于实际上只要将 V_{12} 替换成式（12.23）中的 $\bar{V}_1 2$ 即可，因此操作非常简单。我们将假设量子阱的宽度为 L = 1.0 nm，量子阱之间的中心距离为 R = 2.0 nm，计算势垒的高度从 V_H = 0 ~ 30 eV 且以每 2 eV 不断增加时的本征能量和本征函数。由于程序源码 13.3 与程序源码 13.2 基本相同，因此这里我们只展示添加的代码。

程序源码 13.3 ● 只考虑库仑相互作用的改良版量子阱的本征态（2QuantumWall_widthBarrier.py）

```
（省略：全局区域） < -------------------------------------------------------------（13.2节）（※1-1）
# 势垒的高度（单位:eV）
V_H_min = 0
V_H_max = 30.0
```

```
# 势垒高度的分割数
NV = 15

# 状态数
n_max = 5  <------------------------------------------------------------------------------ (※2)

(省略)

# 势垒[eV]
def bar_V1(x, R, L, W, V_H ):  <-------------------------------------------------- 式(12.22)
    if( x <= - R / 2.0 - W / 2.0 ):
        return 0
    elif( x<= - R / 2.0 + W / 2.0 ):
        return V_H
    else:
        return 0

# 势垒[eV]
def bar_V2(x, R, L, W, V_H ):  <-------------------------------------------------- 式(12.22)
    if( x <= R / 2.0 - W / 2.0 ):
        return 0
    elif( x <= R / 2.0 + W / 2.0 ):
        return V_H
    else:
        return 0

# 改进版相互作用势能
def bar_V12(x1, x2, R, L, W, V_H):
    return V12(x1, x2) + bar_V1(x1, R, L, W, V_H) + bar_V2(x2, R, L, W, V_H)
                                                         <-------------------------------- 式(12.24)

(省略：开始计算之后)  <---------------------------------------------------------- (13.2节)(※1-2)
```

(※1) 除了将用于式(12.18)的二重积分的相互作用势能用的函数从 V12 替换成 bar_V12，和将 R 依赖性替换成 V_H 依赖性之外，几乎与前一节的内容相同。

(※2) 查看计算结果就会发现，展开系数的项数为 n_max = 10 是没有问题的。

13.3.1 概率密度分布的计算结果

图 13.3 中显示了量子阱的中心距离为 $R = 2.0$ nm，势垒的宽度为 $W = 0.2$ nm 将势垒的高度在从 $V_H = 0 \sim 30$ eV 的范围内，以 2 eV 的速度增加时，从基态到第三激发态的概率密度分布。查看基态和第三激发态就会发现，势垒越高，电子分布就会更多地偏移到一侧。基态随着能量的降低而远离。相反地，第三激发态则会随着能量的降低而接近，并在$V_H = 30$ eV 时几乎向一侧偏移。另一方面，第一激发态和第二激发态与前一节相同，看上去是简并的。

图 13.3 ● $R = 2.0$ nm, $W = 0.2$ nm 的基态到第三激发态的概率密度分布

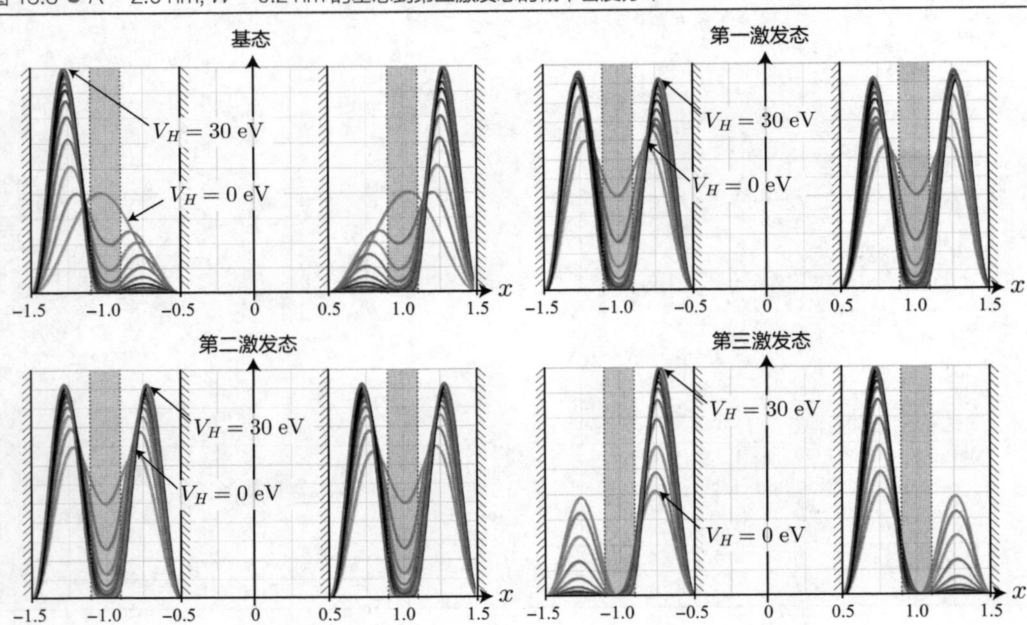

13.3.2 本征能量的计算结果

图 13.4 中显示了横轴为势垒的高度 V_H，纵轴为能量值，从基态到第三激发态的本征能量的图表。之所以本征能量会随着势垒的增加而增加，是因为势垒内部电子存在的概率降低的缘故。如果势垒的高度为无穷大，那么在$L = 0.4$ nm 的任一独立量子阱中电子存在的状态就会像两个量子阱的场合一样，基态的本征能量就是 $E^{(0)}(V_H = \infty) = 4.700$ eV。

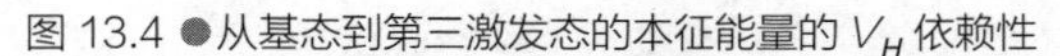
图 13.4 ●从基态到第三激发态的本征能量的 V_H 依赖性

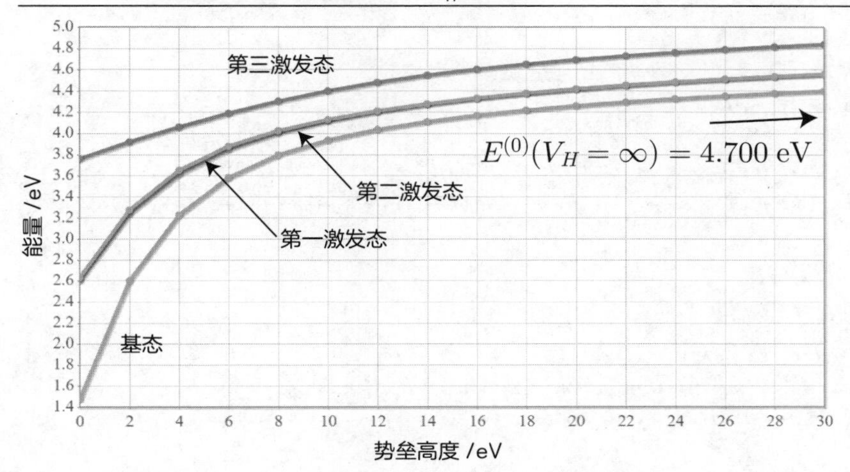

13.4 计算考虑库仑相互作用和静电场的改良版量子阱的本征态

接下来，我们将根据 12.4 节对在每个量子阱中间放置势垒时的本征态进行计算。这次只需要将 $\bar{V}_{12}$ 换成式（12.26）中的 $\bar{V}_1 2$ 就可以了。指定量子阱的宽度为 $L = 1.0$ nm，量子阱之间的中心距离为 $R = 2.0$ nm，势垒的高度为 $V_H = 30$ eV，计算静电场强度在从 $0 \sim 10.0 \times 10^7$ V/m 的范围，以每 1.0×10^7 V/m 的速度增加的本征能量和本征函数。由于程序源码 13.4 与程序源码 13.3 几乎相同，因此在这里只展示添加的代码。

程序源码 13.4 ● 考虑库仑相互作用和静电场的改良版量子阱的本征态（2QuantumWall_withBarrier_StarkEffect.py）

```
（省略：全局区域） < ------------------------------------------------------------------------ （13.3节）
# 势垒的高度（单位:eV）
V_H = 30.0
# 状态数
n_max = 20;

# 静电场的强度
Ex_min = 0
Ex_max = 10.0E+7

# 静电场的分割数
```

```
NEx = 10

# 静电场产生的势能
def phi1(x1, Ex):
    return e * Ex * x1 / eV  <------------------------------------------------------------- 式（12.25）

def phi2(x2, Ex):
    return e * Ex * x2 / eV  <------------------------------------------------------------- 式（12.25）

（省略）

# 改进版相互作用势能
def bar_V12(x1, x2, R, L, W, V_H, Ex ):
    return V12(x1, x2) + bar_V1(x1, R, L, W, V_H) + bar_V2(x2, R, L, W, V_H)
                      └ + phi1(x1, Ex) + phi2(x1, Ex)  <------------------------------- 式（12.26）
}
（省略：主函数）  <-------------------------------------------------------------------------- （13.3节）
```

13.4.1 概率密度分布的计算结果

图 13.5 中显示了静电场的强度在从$0 \sim 10.0 \times 10^7$ V/m 的范围内，以 1.0×10^7 V/m 的速度增加时，从基态到第三激发态的概率密度分布。可以看到，基态和第三激发态不受电场强度的影响，是相同的分布；第一激发态和第二激发态则偏向于势垒的左侧或右侧。这意味着，从外部施加静电场之后，与量子阱中的电子存在于势垒的两边相比，电子偏移到一侧时的能量会降低。对基于两个电子之间的距离的库仑相互作用和静电场的势能进行比较就会发现，在这次的体系中，前者占主导地位。如果创建后者占主导地位的情形（增强 E_x ），那么基态和第一激发态、第二激发态和第三激发态就可能会调换过来。

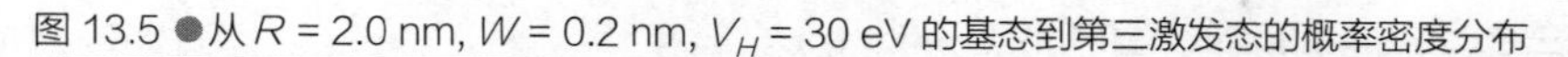

图 13.5 ●从 R = 2.0 nm, W = 0.2 nm, V_H = 30 eV 的基态到第三激发态的概率密度分布

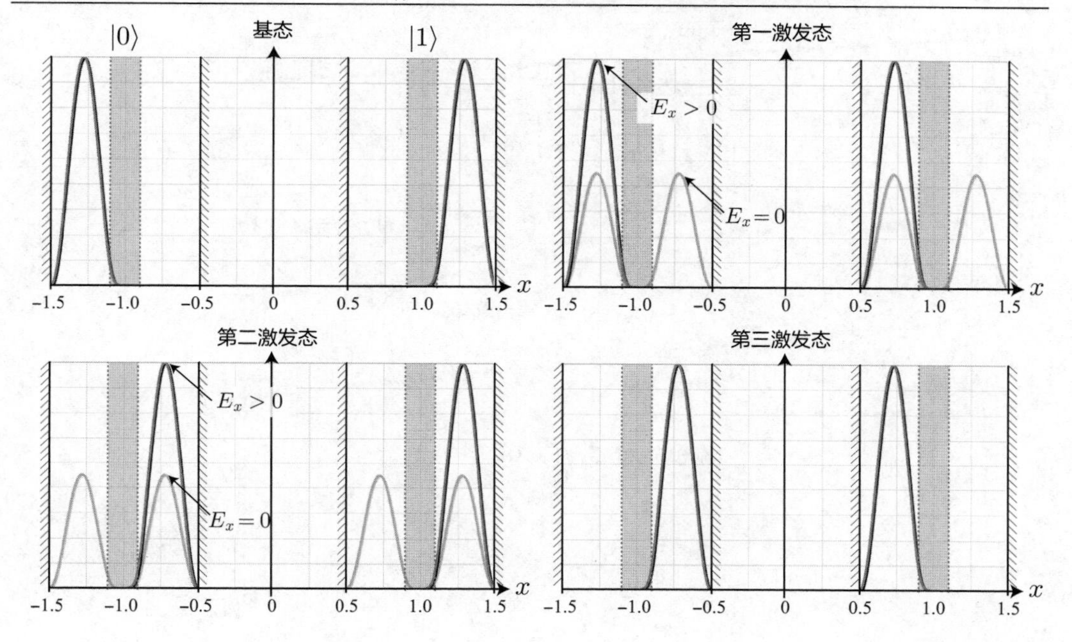

13.4.2 本征能量的计算结果

图 13.6 是将横轴的静电场强度指定为 E_x，纵轴指定为能量值，从基态到第三激发态的本征能量的曲线图。从图中可以看到，通过从外部施加静电场的方式，正如我们所预期的那样，生成了将简并的第一激发态和第二激发态分开的斯塔克效应。这样是否就产生了两个量子位呢？敬请期待下回讲解。

图 13.6 ●从基态到第三激发态的本征能量的 E_x 依赖性

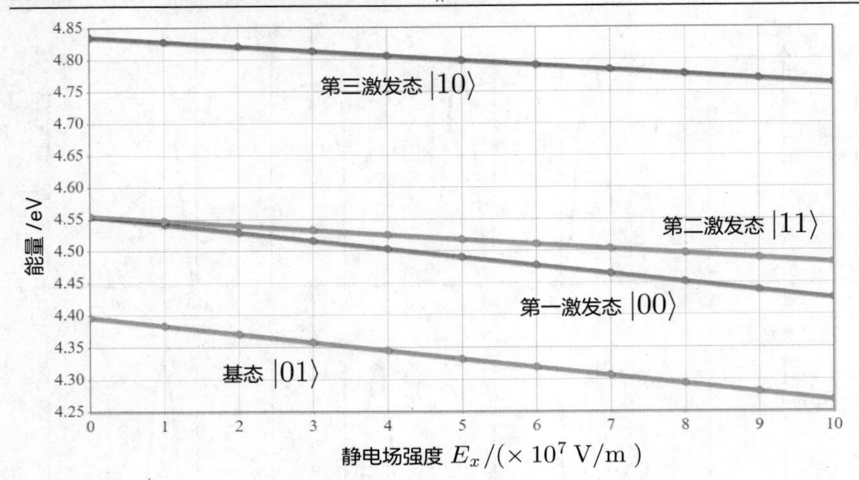

第14天

计算双量子阱的拉比振荡

好了，看来大家已经对双量子阱的电子态的斯塔克效应进行了正确的计算。根据电子是存在于每个量子阱的左侧还是右侧，我们可以将其表现划分为 2×2 的四种状态，一般称为双量子位。我们通常会使用将左右状态并排表示的 $|00\rangle$，$|01\rangle$，$|10\rangle$，$|11\rangle$ 表示两个量子位的状态。由于这些状态是之前的哈密顿算符 $\hat{H}$ 的本征态，因此如果将每个本征能量分别指定为 E_{00}，E_{01}，E_{10} 和 E_{11}，就可以表示为下列形式哦。

$$\hat{H}|00\rangle = E_{00}|00\rangle, \quad \hat{H}|01\rangle = E_{01}|01\rangle$$
$$\hat{H}|10\rangle = E_{10}|10\rangle, \quad \hat{H}|11\rangle = E_{11}|11\rangle$$

如果是在第 13 天中计算的量子阱，那么就可以对应式（12.19），本征函数就是 $|00\rangle = \varphi^{(1)}$，$|01\rangle = \varphi^{(0)}$，$|10\rangle = \varphi^{(3)}$，$|11\rangle = \varphi^{(2)}$，本征能量则是 $E_{00} = E^{(1)}$，$E_{01} = E^{(0)}$，$E_{10} = E^{(3)}$，$E_{11} = E^{(2)}$。要对两个量子位进行操作，就只需要能够在这四种状态之间自由切换即可。也就是说，与单个量子位的操作相同，需要从外部射入对应能量差的电磁波以产生拉比振荡。今天我们将对计算方法进行讲解，请大家实际计算拉比振荡。

14.1 向双量子阱施加电磁波的方法

向双量子阱中的电子施加电磁波的方法，与我们在第 9 天讲解的向一个量子阱施加电磁波的方法相同。不同的地方在于，由于增加了电子，因此从一维变成了二维。接下来，

为了让大家复习学习过的内容，我们将检查计算的流程。将对改进版量子阱施加静电场的哈密顿算符和本征态重新定义为下列形式，即

$$\hat{H}_0 \equiv \hat{H}_1 + \hat{H}_2 + \bar{V}_{12}$$
$$\hat{H}_0\varphi^{(n)}(x_1, x_2) = E^{(n)}\varphi^{(n)}(x_1, x_2)$$

结合式（9.16），向这个哈密顿算符添加基于电磁波的贡献，即

$$\hat{H}(t) = \hat{H}_0 + \frac{e}{m_e}\boldsymbol{A}_1(t)\cdot\hat{\boldsymbol{p}}_1 + \frac{e}{m_e}\boldsymbol{A}_2(t)\cdot\hat{\boldsymbol{p}}_2$$

式中：$\boldsymbol{A}_1(t)$ 和 $\boldsymbol{A}_2(t)$ 是表示电磁波的向量势，结合式（9.29），可以用下列公式表示，即

$$\boldsymbol{A}(\boldsymbol{r}, t) = (A_0\cos(kz - \omega t), 0, 0)$$
$$\boldsymbol{A}_1(t) = (A_0\cos(kz_1 - \omega t), 0, 0)$$
$$\boldsymbol{A}_2(t) = (A_0\cos(kz_2 - \omega t), 0, 0)$$

$\hat{\boldsymbol{p}}_1$ 和 $\hat{\boldsymbol{p}}_2$ 是正则动量算符，表示为下列形式，即

$$\hat{\boldsymbol{p}}_1 = \frac{\hbar}{i}\nabla_1 = \frac{\hbar}{i}\left(\frac{\partial}{\partial x_1}, \frac{\partial}{\partial y_1}, \frac{\partial}{\partial z_1}\right)$$
$$\hat{\boldsymbol{p}}_2 = \frac{\hbar}{i}\nabla_2 = \frac{\hbar}{i}\left(\frac{\partial}{\partial x_2}, \frac{\partial}{\partial y_2}, \frac{\partial}{\partial z_2}\right)$$

位置算符和动量算符的下标都表示电子的编号。由于向量势只具有 x 分量，因此暂时无须考虑 y 分量和 z 分量。但是由于不同电子相关的位置算符和动量算符可以进行交换，因此可以得到下列公式，即

$$[\hat{x}_1, \hat{p}_1] = i\hbar,\ [\hat{x}_1, \hat{p}_2] = 0,\ [\hat{x}_2, \hat{p}_1] = 0,\ [\hat{x}_2, \hat{p}_2] = i\hbar$$

我们已经在 9.3 节进行了详细讲解，要将动量算符转换为哈密顿算符，可以使用对易关系，即

$$[\hat{x}_1, \hat{H}_0] = \frac{i\hbar}{m_e}\hat{p}_1, \quad [\hat{x}_2, \hat{H}_0] = \frac{i\hbar}{m_e}\hat{p}_2$$

那么，动量算符就可以用下列公式表示，即

$$\hat{p}_1 = \frac{m_e}{i\hbar}(\hat{x}_1\hat{H}_0 - \hat{H}_0\hat{x}_1), \quad \hat{p}_2 = \frac{m_e}{i\hbar}(\hat{x}_2\hat{H}_0 - \hat{H}_0\hat{x}_2)$$

如果考虑量子阱的 z 坐标为 0（$z_1 = z_2 = 0$），哈密顿算符最终就会变成下列形式，即

$$\hat{H}(t) = \hat{H}_0 + \frac{eA_0}{i\hbar}\cos(\omega t)\left\{(x_1+x_2)\hat{H}_0 - \hat{H}_0(x_1+x_2)\right\}$$

依赖于时间的薛定谔方程使用哈密顿算符之后就会变成下列形式，即

$$i\hbar\frac{\partial\psi(x_1,x_2,t)}{\partial t} = \left[\hat{H}_0 + \frac{eA_0}{i\hbar}\cos(\omega t)\left\{(x_1+x_2)\hat{H}_0 - \hat{H}_0(x_1+x_2)\right\}\right]\psi(x_1,x_2,t) \quad (14.1)$$

接下来的步骤和第 9 天一样，包括式（12.21）中的类似简谐运动的依赖时间的部分在内，假设展开系数依赖于时间，用下列公式表示，即

$$\psi(x_1,x_2,t) = \sum_n b_n(t)\,\varphi^{(n)}(x_1,x_2)$$

将这个公式代入式（14.1）之后，在两边乘以 $\varphi^{(n)*}(x_1,x_2)$，在整个空间进行积分运算，根据式（12.6）的正交归一性，就可以得到下列结果，即

$$i\hbar\frac{db_m(t)}{dt} = E^{(m)}b_m(t) + \frac{eA_0}{i\hbar}\cos(\omega t)\sum_n (E^{(n)} - E^{(m)})\langle m|x_1+x_2|n\rangle b_n(t)$$

但是需要进行下列定义，即

$$X_{mn} \equiv \langle m|x_1+x_2|n\rangle \equiv \int_{-\frac{R}{2}-\frac{L}{2}}^{-\frac{R}{2}+\frac{L}{2}} dx_1 \int_{\frac{R}{2}-\frac{L}{2}}^{\frac{R}{2}+\frac{L}{2}} dx_2\,\varphi^{(m)*}(x_1,x_2)(x_1+x_2)\,\varphi^{(n)}(x_1,x_2) \quad (14.2)$$

最后，替换索引 $n \leftrightarrow m$，最终就能够得到联立微分方程，即

$$\frac{db_n(t)}{dt} = \frac{E^{(n)}}{i\hbar}b_n(t) + \frac{eA_0}{\hbar^2}\cos(\omega t)\sum_m (E^{(n)} - E^{(m)})X_{nm}b_m(t) \quad (14.3)$$

由于这个公式与单个电子的公式 [式（9.31）] 完全相同，因此，之后只要使用龙格・库塔法对这个方程进行数值计算即可。正如我们在 10.2 节中所讲解的，由于 X_{mn} 不依赖于时间，因此需要提前将所有组合都计算好。

14.2 计算 $X_{nm}=\langle n|x_1+x_2|m\rangle$

接下来，请根据 14.1 节讲解的计算算法，使用下列计算参数对双量子阱的拉比振荡进行模拟。

- 量子阱的宽度：$L = 1$ nm（1.0×10^{-9} m）。
- 量子阱中心势垒的宽度：$W = L/5$。
- 量子阱中心势垒的高度：$V_H = 30$ eV。
- 双量子阱之间的中心距离：$R = 2L$。
- 静电场的强度：$E_x = 1.0 \times 10^8$ V/m。

由于两个量子位需要使用包含基态在内的四种状态，因此总共需要对式（14.2）进行 16 次计算。开始进行计算吧！

我知道了。我将在 13.4 节创建的程序源码 13.4 中添加式（14.2）的计算。和之前一样，被积函数在全局区域中进行声明，而实际的计算则在 main() 函数中执行。

程序源码 14.1 ● X_{nm} 的计算（2Qbit_Xnm.py）

```
（省略） < --------------------------------------------------------------------------- （13.4节）

# 用于计算Xnm的被积函数
def integral_Xmn(x1, x2, n1, n2, R, L, n_max, an):
    X = Qbit_varphi(x1, x2, an[n1], n_max, R, L) * (x1 + x2)
                    └ * Qbit_varphi(x1, x2, an[n2], n_max, R, L)  < -----------式（14.2）（※1）
    return X.real  <------------------------------------------------------------------------ （※2）

（省略） < --------------------------------------------------------------------------- （13.4节）

# 能量差
dE = (eigenvalues[1] - eigenvalues[0]) * eV
# 能量差对应的光子的角频率
omega = dE / hbar
# 电磁波的波长
_lambda = 2.0 * math.pi * c / omega
print( "能量（基态）" + str( eigenvalues[0] / eV ) + "[eV]" )
print( "能量（激发态）" + str( eigenvalues[1] / eV ) + "[eV]" )
print( "能量差" + str( dE /eV ) + "[eV]" )
print( "电磁波的波长" + str( _lambda / 1.0E-9  ) + "[nm]" )
```

```
### Xnm的计算
for n1 in range(N):
    for n2 in range(N):
        x1_min = -R / 2.0 - L / 2.0
        x1_max = -R / 2.0 + L / 2.0
        x2_min = R /2.0 - L / 2.0
        x2_max = R /2.0 + L / 2.0
        # 高斯•勒让德二重积分
        result = integrate.dblquad(
            integral_Xmn,        # 被积函数
            x1_min, x1_max,      # 第一个参数的积分区间的下端和上端
            lambda x : x2_min, lambda x : x2_max, # 第二个参数的积区间的下端和上端
            args = (n1, n2, R, L, n_max, vectors) # 传递给被积函数的参数
        )
        real = result[0]
        imag = 0

        if( abs(real / L) < L ): real = 0
        # 输出到终端
        print( "(" + str(n1) + ", " + str(n2) + ")  " + str( real / L ))

（省略）
```

（※1） 如果我们将这里的x_1+x_2消除，就可以计算两种状态的正交性$\langle n|m\rangle$。由于这两种状态是本征态，因此就是$\langle n|m\rangle=\delta_{nm}$。检查这里的数值以确保数值计算是正确的。计算结果如下所示。与预期相同，当$n=m$时，结果为1，其余情形将计算误差去除之后，结果为0。

（※2） 由于$\langle n|x_1+x_2|m\rangle$计算的是$x_1$和$x_2$的和的平均，因此即使波函数是复数，结果也是实数。

⟨n | m⟩的计算结果

```
能量（基态）(2.675548225159776e+19+0j)[eV]
能量（激发态）(2.7750821649222623e+19+0j)[eV]
能量差(0.15947102185304196+0j)[eV]
电磁波的波长(7774.735940901537+0j)[nm]
(0, 0)  999999999.9999995
(0, 1)  5.115049009352113e-05
(0, 2)  0.01803183754814083
(0, 3)  -0.011076524513185242
(1, 0)  5.115049009352113e-05
(1, 1)  999999999.9999999
(1, 2)  -0.054056324094287046
(1, 3)  0.01268588338060541
(2, 0)  0.01803183754814083
```

```
(2, 1)  -0.054056324094287046
(2, 2)  999999999.9999999
(2, 3)  -4.637132691720502e-07
(3, 0)  -0.011076524513185242
(3, 1)  0.01268588338060541
(3, 2)  -4.637132691720502e-07
(3, 3)  1000000000.0000004
```

接下来展示的是 $\langle n|x_1+x_2|m\rangle$ 的计算结果。由于单位是 $L=10^{-9}\,\mathrm{m}$，因此值很小。

$\langle n \mid x_1+x_2 \mid m \rangle$ 的计算结果

```
能量（基态）(2.675548225159776e+19+0j)[eV]
能量（激发态）(2.7750821649222623e+19+0j)[eV]
能量差(0.15947102185304196+0j)[eV]
电磁波的波长(7774.735940901537+0j)[nm]
(0, 0)  -0.00042428588489917807
(0, 1)  -0.002198055573222888
(0, 2)  0.001287285675441273
(0, 3)  6.304785396531755e-07
(1, 0)  -0.002198055573222888
(1, 1)  -0.5650163819522656
(1, 2)  -7.540646251995321e-06
(1, 3)  0.000881485333612364
(2, 0)  0.001287285675441273
(2, 1)  -7.540646251995321e-06
(2, 2)  0.5641830277073837
(2, 3)  -0.00122859162284483
(3, 0)  6.304785396531755e-07
(3, 1)  0.0008814853336123637
(3, 2)  -0.00122859162284483
(3, 3)  -0.00041800511593469646
```

我将一边对比 13.4 节中表示概率密度分布的计算结果的图表，一边检查这些值。当 $n=m=0$，$n=m=3$ 时，x_1+x_2 的平均取的是接近于 0 的值。原因是$\langle 0|x_1|0\rangle \simeq -1.3L$（$x_1$ 的平均）和$\langle 0|x_2|m\rangle \simeq 1.3L$（$x_2$ 的平均）相互抵消了。而另一方面，当 $n=m=1$ 或者 $n=m=2$ 时，虽然取的是 ± 0.55 的值，但是根据电子分布的偏移，也可以像刚才那样进行说明。此外，当$n\neq m$时，x_1+x_2的平均是接近于 0 的值的理由也可以用相同的方式解释。如果量子阱中的势垒无限高，那么电子分布就是完全对称的，除了$\langle 1|x_1+x_2|1\rangle$和$\langle 2|x_1+x_2|2\rangle$之外，其他都将变成 0。

14.3 双量子阱的拉比振荡的计算结果

模拟君观察得还算细致。接下来，老夫将对 X_{nm} 的计算结果进行补充说明。大家都知道，在状态跃迁中，最重要的是 X_{nm}，这一点从式（14.3）也可以看出。当 $n \neq m$，而 $X_{nm}=0$ 时，状态 n 是无法跃迁到状态 m 的。也就是说，我们需要理解 X_{nm} 的大小与状态跃迁发生的概率（跃迁概率）成正比。由于这个 X_{nm} 是表示密度分布的空间偏移的量，因此空间对称性越好，值越小。查看 14.2 节的结果就会发现，X_{01} 和 X_{02} 大约是 10^{-13}，而 X_{03} 则大约是 10^{-17}。这意味着从基态到第三激发态的跃迁概率与从基态到第一激发态或第二激发态的跃迁概率相比，只有约 1/10000。定性考虑的话，$|01\rangle \to |00\rangle$ 和 $|01\rangle \to |11\rangle$ 是第一个电子或第二个电子的任一状态反转，而 $|10\rangle \to |01\rangle$ 则是第一个电子和第二个电子的状态都反转，因此可以说这种情况下的跃迁概率较小。

图 14.1 中展示的就是双量子阱从基态到第三激发态的能级以及刚刚讲解的跃迁概率相关的量。接下来，通过入射与基态和激发态的能量差 [$E^{(01)}$，$E^{(02)}$，$E^{(03)}$] 相对应的角频率的电磁波来计算拉比振荡吧。

图 14.1 ●双量子阱的能级

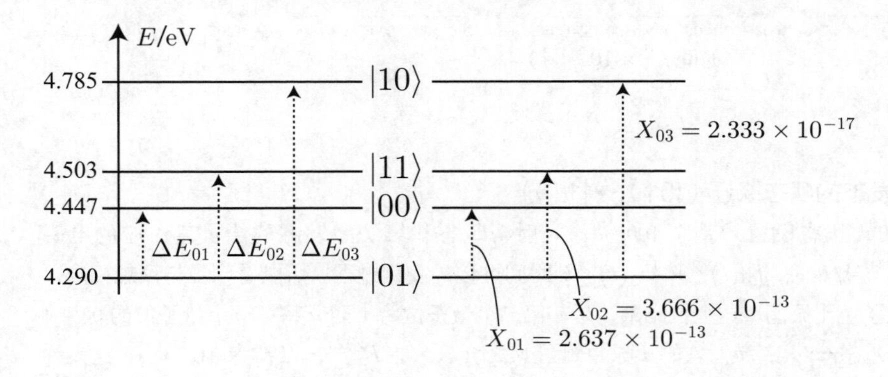

我知道了。由于使用龙格·库塔法计算式（14.3）的部分和 11.1 节创建的程序源码完全相同，因此只要将 14.2 节的计算结果指定给 X_{nm} 就可以了。这里我将省略对程序源码的说明，直接展示结果。

从基态到第一激发态的状态跃迁（|01⟩→|00⟩）

图 14.2 是将初始状态设置为基态 100 %，入射与基态和第一激发态的能量差对应的电磁波 $\omega = (E^{(1)} - E^{(0)})/\hbar$ 时，$|b_0(t)|^2$ 和 $|b_1(t)|^2$ 随时间推移的变化过程。可以看到，与预想相同，两个状态之间产生了拉比振荡。这个拉比振荡是在第一个量子位为 0 时，将第二个量子位的 0 和 1 进行反转的运算。基态⇔第一激发态的 π 脉冲是 $T_\pi^{(01)} = 327 \times 10^{-11}$ s，这与第 11 天单个电子的场合相比，这个值大了 10 倍左右。

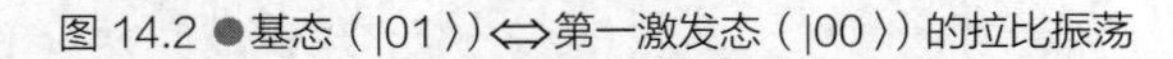
图 14.2 ●基态（|01⟩）⇔第一激发态（|00⟩）的拉比振荡

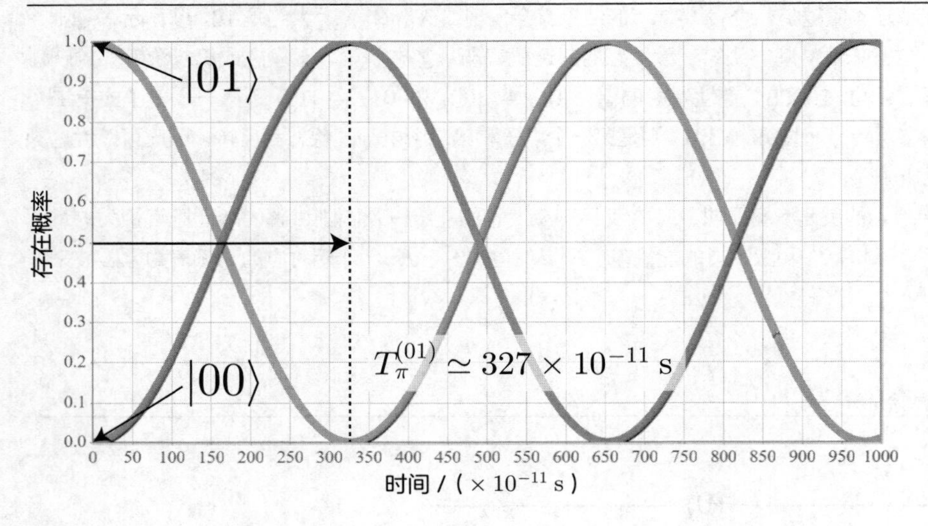

从基态到第二激发态的状态跃迁（|01⟩→|11⟩）

图 14.3 是将初始状态设置为基态 100 %，入射与基态和第二激发态的能量差对应的电磁波 $\omega = (E^{(2)} - E^{(0)})/\hbar$ 时，$|b_0(t)|^2$ 和 $|b_2(t)|^2$ 随时间推移的变化过程。可以看到，与预想相同，两个状态之间产生了拉比振荡。这个拉比振荡是在第二个量子位为 1 时，将第一个量子位的 0 和 1 进行反转的运算。基态⇔第二激发态的 π 脉冲如图 14.3 所示，是 $T_\pi^{(02)} = 173 \times 10^{-11}$ s。这大约是之前结果的一半，为什么呢？我知道了。根据拉比振荡的解析解 [式（10.4）]，拉比振荡本身的角频率由 X_{nm} 和 $\omega_n - \omega_m$ 的乘积确定，将具体的值代入的话，这个结果应当是相对应的。

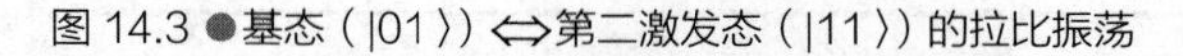

图 14.3 ●基态（|01⟩）⇔第二激发态（|11⟩）的拉比振荡

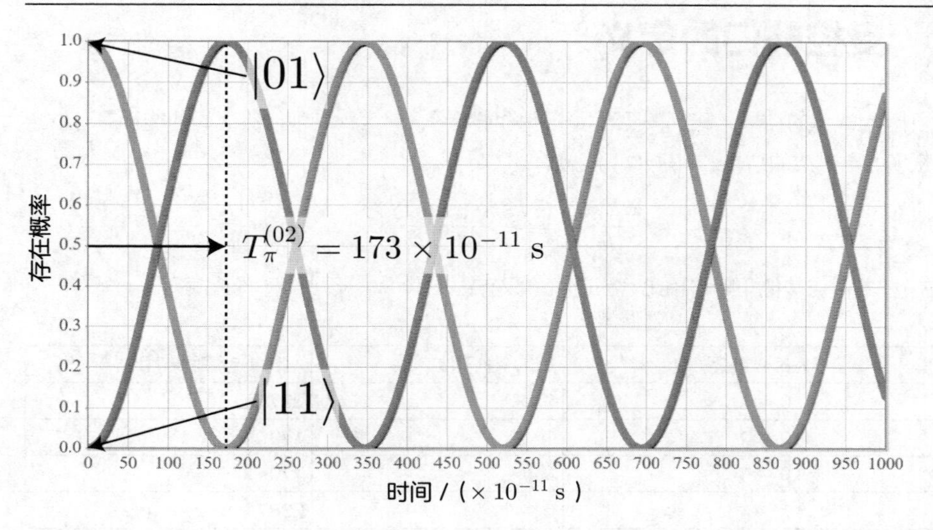

从基态到第三激发态的状态跃迁（|01⟩→|10⟩）

图 14.4 是将初始状态设置为基态 100 %，入射与基态和第三激发态的能量差对应的电磁波 $\omega = (E^{(3)} - E^{(0)})/\hbar$ 时，$|b_0(t)|^2$ 和 $|b_3(t)|^2$ 随时间推移的变化过程。正如仙人所说，在这个时间尺度上完全没有发生状态跃迁。看来我们需要将时间尺度增加到 10000 倍左右才行。

图 14.4 ●基态（|01⟩）⇔第三激发态（|10⟩）的拉比振荡

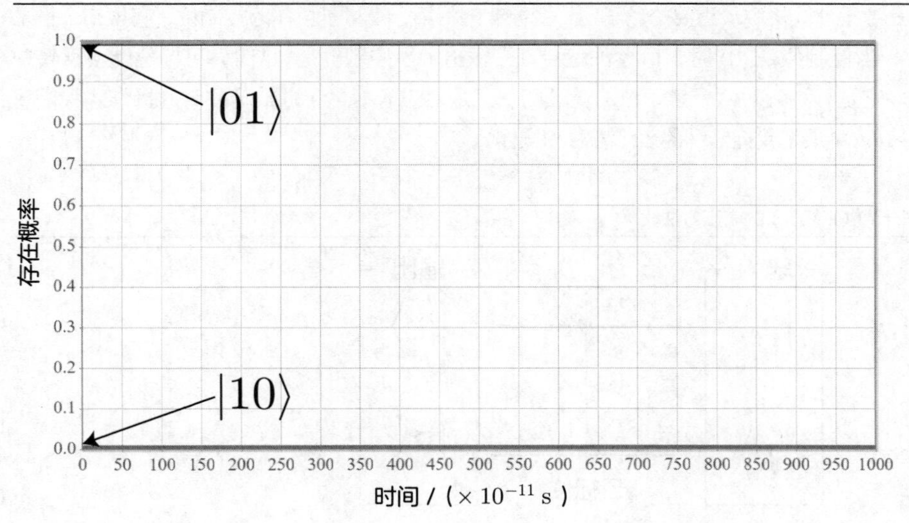

14.4 受控非门的定义

根据 14.3 节的结果，我们按照双量子阱的能级图，对入射其他能级之间的能量差对应角频率的电磁波的结果进行了如下汇总。

$$\omega_{nm} = \frac{\Delta E_{nm}}{\hbar} = \frac{E^{(n)} - E^{(m)}}{\hbar}$$

不过，由于ω_{03}和ω_{12}与其他角频率相比，跃迁概率只有约 1/10000，因此将它们省略了。

电磁波的角频率	第一个量子位	第二个量子位	π 脉冲的周期 $\times 10^{-11}$ s
ω_{01}	0	0 ⇔ 1	327
ω_{02}	0 ⇔ 1	1	173
ω_{13}	0 ⇔ 1	0	170
ω_{23}	1	0 ⇔ 1	238

从这张表可以看出，如果向双量子阱的状态中入射特定的角频率 ω_{nm} 的 π 脉冲，当第一个量子位或者第二个量子位满足特定条件的，就会产生反转另一个位的效应。例如，当初始状态为 $|00\rangle$时，如果入射 ω_{01} 的 π 脉冲，就会变成 $|01\rangle$，进一步入射 π 脉冲则会返回初始状态 $|00\rangle$。同样的，入射 ω_{13}脉冲，就会变成 $|10\rangle$，进一步入射 π 脉冲则会返回初始状态 $|00\rangle$。另一方面，当初始状态为 $|00\rangle$，即使入射 ω_{02} 或 ω_{23} 的电磁波，状态也不会发生任何改变。因此我们可以作为根据条件改变操作的“逻辑电路”来使用。特别是入射 ω_{23} 的 π 脉冲时的操作被称为受控非门（CNOT）。众所周知，它是量子计算机中最重要的量子门！受控非门将第一个量子位作为控制位，将第二个量子位作为目标位，当控制位是 $|0\rangle$ 时，目标位就会直接输出；当控制位是 $|1\rangle$ 时，目标位就会反转并输出（NOT）。它是一种针对两个量子位的量子门。正是对应入射ω_{23} 的 π 脉冲时的操作。我们将在图 14.5 和图 14.6 中展示受控非门的表示方法和操作。

图 14.5 ●受控非门（CNOT）的表示方法

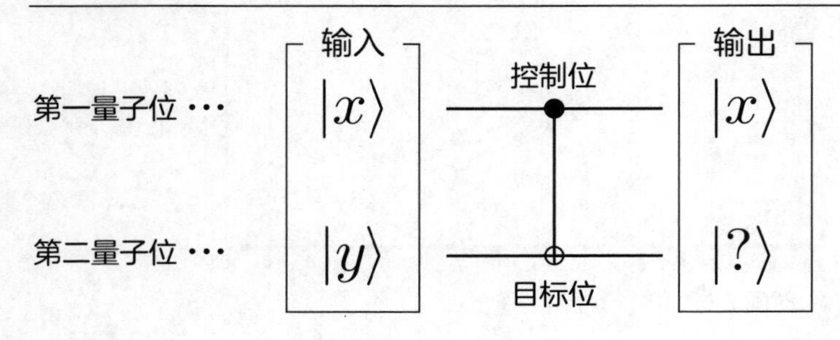

图 14.6 ●受控非门（CNOT）的操作

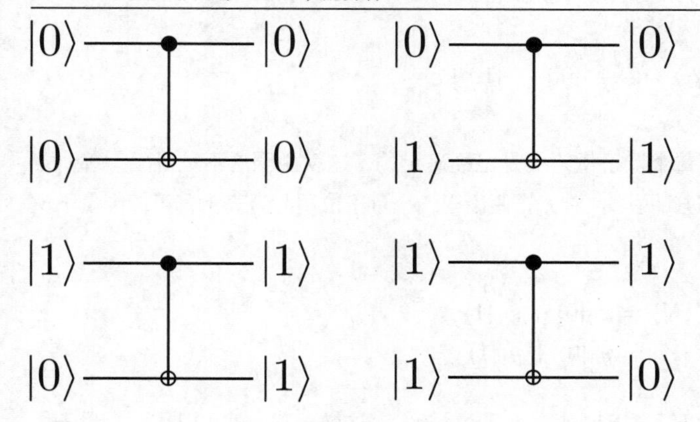

这个受控非门之所以很重要，是因为无论量子位的数量是多少，原则上任何量子状态都可以通过组合对应一个量子位的完全单一门（$\boldsymbol{U}$）和两个量子位的受控非门来实现。特别是这个受控非门在生成一种被称为量子纠缠（Quantum Entanglement）的特殊状态时是不可或缺的。

14.5 量子纠缠（Quantum Entanglement）的生成方法

两个量子状态中的量子纠缠存在下列四种模式。

$$
\begin{aligned}
|\beta_1\rangle &= \frac{1}{\sqrt{2}}\left[|00\rangle + |11\rangle\right] \\
|\beta_2\rangle &= \frac{1}{\sqrt{2}}\left[|01\rangle + |10\rangle\right] \\
|\beta_3\rangle &= \frac{1}{\sqrt{2}}\left[|00\rangle - |11\rangle\right] \\
|\beta_4\rangle &= \frac{1}{\sqrt{2}}\left[|01\rangle - |10\rangle\right]
\end{aligned} \tag{14.4}
$$

式中：系数 $1/\sqrt{2}$ 是归一化常量，表示两种状态刚好以相同的比例叠加的状态。这些量子态之所以很特别，是因为它们实现了只要观测两个量子位中的任意一个状态，则可以根据该观测结果确定另一个量子位的状态的情况。例如，假设我们观测了 $|\beta_1\rangle$ 的第一个量子位，如果它是 0，那么第二个量子位就一定是 0。相反地，如果它是 1，那第二个量子位就必须是 1。而且其他的 $|\beta_2\rangle$，

$|\beta_3\rangle$，$|\beta_4\rangle$也是同样的情况。为了进行比较，我们考虑现在有一个量子状态，即

$$|\alpha\rangle = \frac{1}{\sqrt{2}}\left[|00\rangle + |10\rangle\right]$$

无论是否观测第一个量子位，第二个量子位为 0 是已经确定的，这就说明这不是量子纠缠。接下来，我们将对上述量子纠缠用公式进行说明。首先，假设第一个量子位用$|X\rangle$表示，第二个量子位用$|Y\rangle$表示，即

$$|X\rangle = x_0|0\rangle + x_1|1\rangle$$
$$|Y\rangle = y_0|0\rangle + y_1|1\rangle$$

分别为它们指定任意的状态（可以任意指定 x_0，x_1，y_0，y_1）。这样一来，就可以用两个量子位的状态的乘积（张量积）来表示，即

$$|XY\rangle = x_0y_0|00\rangle + x_0y_1|01\rangle + x_1y_0|10\rangle + x_1y_1|11\rangle$$

通过操作四种模式 x_0，x_1，y_0，y_1 来操作是否可以实现$|\beta_1\rangle$吧。

我知道了。对系数进行比较，就可以得到四个未知变量的四个方程，即

$$x_0y_0 = \frac{1}{\sqrt{2}},\ x_0y_1 = 0,\ x_1y_0 = 0,\ x_1y_1 = \frac{1}{\sqrt{2}}$$

如果是对满足这些方程的 x_0，x_1，y_0，y_1 组合进行求解的话，发现竟然是相互矛盾的，不存在任何的解呢！

正是如此。也可以说量子纠缠是一种"即使单独地对两个量子位进行操作，也绝对无法得到的状态（无法用张量积表示的状态）"。此外，还可以说它是一种"无法单独提取一个量子位的信息的状态"。生成这种量子纠缠并根据使用目的进行控制就是量子计算机的原理，而应当如何进行控制的步骤就是量子算法。

量子纠缠的生成方法

两个量子位的量子纠缠（四种）的生成方法如图 14.7 所示。

图 14.7 ●如何使用阿达玛门与受控非门创建量子纠缠

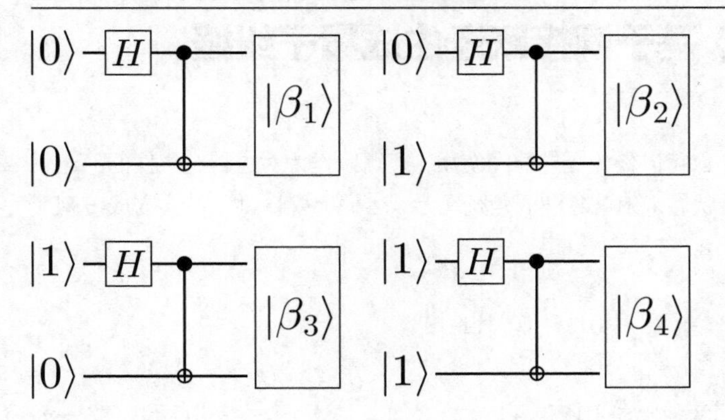

图 14.7 的左上方是将阿达玛门作用于初始状态 $|00\rangle$ 的第一个量子位之后，通过将第一个量子位作为控制位，将第二个量子位作为目标位的受控非门产生作用的方式，生成式（14.4）中展示的量子纠缠的状态。请将作用于第一个量子位的阿达玛门用 H_1 表示，将受控非门用 CNOT 表示，用公式进行实际的确认。

我知道了。只让阿达玛门作用于第一个量子位的话，就只有第一个量子位的状态会发生下列变化，即

$$H_1|0\rangle = \frac{1}{\sqrt{2}}\left[|0\rangle + |1\rangle\right]$$

也就是说，如果初始状态是 $|00\rangle$，就可以用下列公式表示，即

$$H_1|00\rangle = \frac{1}{\sqrt{2}}\left[|00\rangle + |10\rangle\right]$$

由于是让受控非门作用于这个结果，因此进一步进行计算的话，就可以得到下列结果，即

$$[\text{CNOT}]H_1|00\rangle = \frac{1}{\sqrt{2}}\left[|00\rangle + |11\rangle\right] = |\beta_1\rangle$$

确实与式（14.4）一致呢。那么 $|\beta_2\rangle$，$|\beta_3\rangle$，$|\beta_4\rangle$ 应该也会一致吧。

如果只考虑这次假设的物理体系的话，那么两个电子总是相互作用的，因此不存在独立的阿达玛门。但是实际上我们可以将两个量子位的拉比振荡本身作为阿达玛门使用。

14.6 |10 ⟩→ |01 ⟩ 基于间接跃迁生成量子纠缠

两个量子位的拉比振荡不仅可以作为受控非门使用，还可以作为对应特定条件的阿达玛门使用。例如，向$|01\rangle$的状态入射电磁波的角频率为ω_{02}的$\pi/2$脉冲，就会变成下列形式，即

$$|01\rangle \rightarrow \frac{1}{\sqrt{2}}\left[|01\rangle + e^{i\gamma}|11\rangle\right]$$

式中：$e^{i\gamma}$是随着时间的推移而产生的两种状态$|01\rangle$和$|11\rangle$的相位差。从这个结果可以看出，第一个量子位的状态可以设置为$|0\rangle$和$|1\rangle$的各 50 %。同样的，在ω_{13}的场合中也可以实现第一个量子位的类似阿达玛门的效果。

$$|00\rangle \rightarrow \frac{1}{\sqrt{2}}\left[|00\rangle + e^{i\gamma}|10\rangle\right]$$

其他的ω_{01}和ω_{23}也可以用同样的方式，实现第二个量子位的类似阿达玛门的效果。此外，如果想要完全与阿达玛门匹配，就可以像第 11 天讨论的那样，计算时间推移的相位差，使其合乎逻辑。无论是哪种情况，向基态$|01\rangle$入射ω_{02}的$\pi/2$脉冲之后，入射受控非门对应的ω_{23}的π脉冲，就可以生成量子纠缠状态。赶快试试看吧！

我知道了。我在向基态$|01\rangle$入射角频率ω_{02}的电磁波$T_{\pi/2}^{(01)} = 87 \times 10^{-11}$ s之后，会将入射角频率更改成ω_{23}。

图 14.8 中展示的就是计算结果。从ω_{02}切换到ω_{23}的转瞬之间，$|01\rangle$的存在概率恒为 50 %，然后在$|11\rangle$的$|10\rangle$之间开始进行状态跃迁。最后，入射ω_{23}的电磁波$T_{\pi}^{(23)} = 238 \times 10^{-11}$ s时，刚好$|11\rangle$为 0 %、$|10\rangle$为 50 %。也就是说，生成了量子纠缠状态，即

$$|\varphi\rangle = \frac{1}{\sqrt{2}}\left[|01\rangle + e^{i\gamma}|10\rangle\right]$$

图 14.8 ● |10⟩→|01⟩ 基于间接跃迁生成量子纠缠

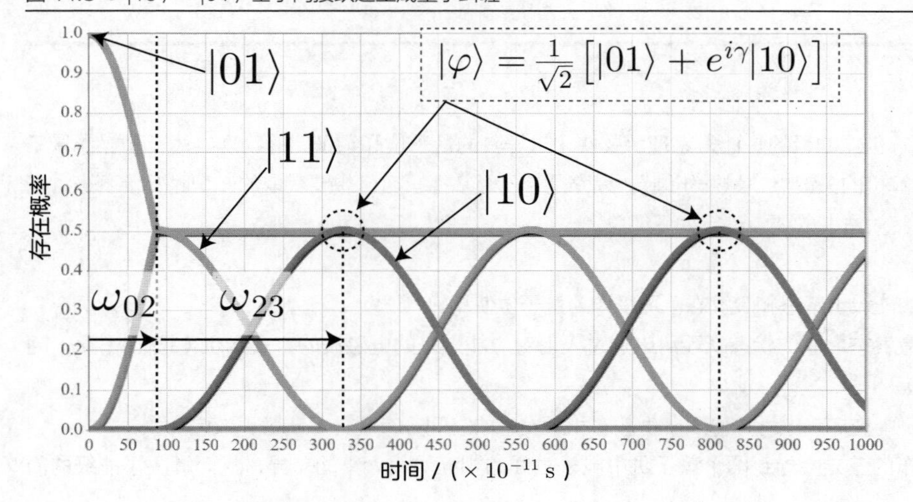

正是如此。正如模拟君之前所说，如果时间增加 10000 倍，那么从基态 $|10\rangle$ 到第三激发态 $|01\rangle$ 的直接跃迁也是可能实现的。不过，由于这次使用的是从 $|10\rangle$ 到 $|11\rangle$ 的一种中间状态，最终生成了 $|01\rangle$，因此可以说是间接跃迁哦。此外，可以说这种方法比直接跃迁能更加有效地产生量子纠缠态。

结语

本书创作的目的是让大家理解及使用量子阱的量子位和量子门的物理实体，和操作量子计算机的关键点“量子纠缠”。大家是否已经掌握了自己想要获取的知识呢？接下来，老夫将对本书的要点进行如下汇总。

（1）量子阱的能级（基态和激发态）可以作为量子位使用。

（2）基态和激发态之间的状态跃迁可以通过入射对应能量差的电磁波的方式产生（拉比振荡→ 阿达玛门）。

（3）向量子阱中施加静电场，可以产生基态和激发态的空间分布差异（斯塔克效应）。

（4）空间分布的差异会导致两个量子阱中电子之间的相互作用大小的差异，从而解决了能级的简并问题。

（5）入射与特定能级之间的能量差对应的 π 脉冲，可以使特定量子位产生反转（受控非门）。

（6）可以使用阿达玛门和受控非门产生量子纠缠态。

本书就到此为止啦。辛苦大家了！

谢谢仙人这 14 天对量子计算机进行的详细讲解！多亏了仙人的讲解，我感觉自己对量子位和量子门的理解更加具体了。学习非常抽象的量子算法这件事也变得不那么恐怖了。今后也请多多指教！